儿童安全自救全书：
日常生活安全

（赠10个安全故事小视频）

初舍 吕进 ／ 主编

首批全国优秀出版社　　农村读物出版社
中国农业出版社

图书在版编目（CIP）数据

儿童安全自救全书. 日常生活安全：赠10个安全故事小视频 / 初舍，吕进主编. —— 北京：农村读物出版社，2019.12

（农家书屋助乡村振兴丛书）

ISBN 978-7-5048-5797-2

Ⅰ. ①儿… Ⅱ. ①初… ②吕… Ⅲ. ①安全教育-儿童读物 Ⅳ. ①X956-49

中国版本图书馆CIP数据核字(2019)第279346号

ERTONG ANQUAN ZIJIU QUANSHU：RICHANG SHENGHUO ANQUAN
(ZENG 10 GE ANQUAN GUSHI XIAOSHIPIN)

农村读物出版社出版

地址：北京市朝阳区麦子店街18号楼

邮编：100125

责任编辑：黄　曦

责任校对：刘飔雨

印刷：北京中科印刷有限公司

版次：2019年12月第1版

印次：2019年12月北京第1次印刷

发行：新华书店北京发行所

开本：710mm×1000mm　1/16

印张：9

字数：150千字

定价：29.80元

目录

交通意外防范及处置

家庭常见意外防范及处置

学校常见意外防范及处置

公共场所常见意外
防范及处置

五

户外常见意外防范及处置

▶ 内有附赠安全小视频，可扫码进入观看

一

交通意外
防范及处置

骑自行车发生意外怎么办

自救好办法，扫一扫学到手！

!!! 情景再现 !!!

金金是个可爱的男孩子。在他四岁的时候，爸爸妈妈就给他买了辆带辅助轮的自行车，让他骑着玩。

金金很聪明，协调能力也特别强，很快就能把自行车骑得稳妥自如了。到他七岁时，爸爸帮他把自行车上的辅助轮拆掉，他开始学骑真正的自行车了。虽然摔过两次，可金金确实是越骑越溜。每到放假、休息的时候，他都要到广场、小区里骑一会儿自行车。那已成为他的一大爱好。

可是，爸爸妈妈却不允许他到街上骑自行车，哪怕他已经10岁了。金金很不以为然。凭他的车技，即便在马路上骑也肯定没问题呀！

那天，妈妈让他帮忙到附近的超市买东西。他以前也自己去过。这次他看到街边有很多的共享单车，不禁灵机一动，围着这些自行车转了转，终于找到一辆忘锁的自行车骑了出去。

金金骑得正得意，前面拐弯处突然驶过来一辆轿车。他赶紧捏刹车想转弯，可来不及反应，人已经从车上摔下来，直接摔倒在路边。手肘、膝盖摔破了不说，还把长好没多久的门牙给摔掉了。

安全叮咛

1.未满12岁的小朋友，切记不可骑自行车上路。

不管车技多好，只要未年满12周岁，都不可以骑自行车上路。不管是自家的自行车还是共享单车，都不可以。

2.骑自行车的小朋友最好戴上头盔。

骑自行车摔伤，如伤在头部，会造成严重后果。要戴好适合的头盔再骑自行车，这样即使摔倒，也能有效地保护头部。

3.骑自行车时要穿运动衣、运动鞋。

穿运动鞋骑自行车，能减少摔倒时脚趾被夹的可能。女孩子不要穿裙子骑自行车，因为这样可能让裙摆被卷进车轮，导致摔倒。

一 交通意外防范及处置

4.要保证车况完好才能骑到路上。

经常检查自行车的脚闸或手闸是否好用，车铃是否能按响。如果车况不佳，就不能骑出去。

5.骑自行车上马路，必须遵守交通规则。

必须在非机动车道骑自行车，还要随时观察路况，注意红绿灯变化，再决定是否通行。

6.骑自行车转弯时一定要减速。

骑自行车转弯时，应该先减速，看好是否有车辆通行，伸出手臂示意后再拐弯。

7.和小伙伴一起骑自行车时，不要追赶。

与小伙伴一起骑自行车边骑边聊容易走神，对突然出现的车辆会避之不及。所以，不要在马路上和小伙伴一直说笑，更不要追追赶赶、打打闹闹。也不要并排骑车，以免有人摔倒碰到别人。

8.骑自行车时，不可以两手松开车把。

有的孩子喜欢两只手都松开车把，或与汽车比速度，显示车技，但这种做法太危险，极易摔倒，造成伤害。

9.雨天骑车，最好穿颜色鲜艳的雨衣。

下雨天最好不要骑车，以免滑倒。若要骑车，则应穿颜色鲜艳的衣物，容易辨认，方便其他车辆避让。

10.若摔倒骨折，要保持伤处原样，立即就医。

有些摔伤造成的骨折比较明显，有些则出现肿胀、压痛等情况。出现骨折时，不要强行活动，以免造成新的伤害。此外，还应该及时到医院治疗。

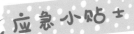

应急小贴士

小朋友们，若骑自行车出现意外相撞、摔倒的情况，一定要检查身体各处是否疼痛、有无擦伤。如果骨折了，不要活动受伤部位，在伤处固定好的情况下要立即去医院就诊。

12 遭遇小客车撞击或坠落事故怎么办

!!! 情景再现 !!!

6岁的依依听说妈妈要带她到乡下的亲戚家，别提有多开心了。听妈妈说乡下与城里不同，空间大不说，小伙伴们一起玩的机会还多。她要是去了，可以和小伙伴一起玩，说不定还能交上一两个好朋友。

依依兴高采烈地与妈妈去客运站，坐上了小客车。她率先上车，坐到了副驾驶的位置，还告诉妈妈这里视野开阔，看得远。妈妈要她坐稳、小心。她答应了却没有放在心上，在车里一会儿扭来扭去，东张

一 交通意外防范及处置

西望，一会儿趴到挡风玻璃前看风景。妈妈和司机都警告她不要这么做，她才老实一点，又打起瞌睡来。

路上，为了躲避突然冲出来的一位行人，司机赶紧转动方向盘，小客车却与旁边的车辆"砰"地撞在了一起。客车猛地停住了，歪在座位上的依依受惯性影响，不受控制地从座位上滑出，脑袋撞到前面的挡风玻璃上，顿时撞得她头昏目眩、鼻血直流。妈妈慌了手脚，在其他乘客的帮助下，才帮依依止了鼻血，送去医院检查。

安全叮咛

1.小朋友不要坐在副驾驶的位置。

小客车内副驾驶的位置相对而言是发生事故时最危险的地方。小朋友反应速度和处理能力比较差，一旦出现意外，受到的伤害会非常大。

2.坐车就要系好安全带。

安全带是为了保护司乘人员而设置的。在发生意外撞车等情况时，安全带能将司乘人员固定在座位上，以免被甩出车外。因惯性作用，客车受撞击停下，司乘人员身体仍向前冲，安全带能有效避免人们与前面的方向盘、座椅背等相撞，减少撞击次数，降低死亡率。

3.乘车时尽量不要打瞌睡。

坐车时打瞌睡，身体完全处于放松状态，遇到意外无法迅速做出反应。若出现撞车事件，身体很容易撞到前排座椅上，脖颈受到伤害的危险就会更大。

4.一旦撞车，马上护住头部，缩成一团。

撞车时，第一反应是要护好头部，抱头躺在座位上，或者用手腕挡在额头处。第二反应是要护好胸腹部，身体尽量缩成球状，用一只脚抵在前面的座椅背上。至少要用双手抓住扶手或者座椅，减少身体被撞击的可能。

5.小客车若坠落，要咬紧牙关，保护头部和胸部。

客车若坠落，司乘人员的身体受到的冲击很大。要用手护头、蜷缩身体，保护好头部和胸部。同时不要喊叫，而应该咬紧牙关，避免落入水中时呛水。

6.撤离客车时，要依次进行。

　　小客车撞车或坠落后，等车辆状态稳定下来再出去，不要忙乱。在车门或车窗已能打开、逃出时，要先松开安全带，再依次撤出去。

　　7.客车撞击后若起火，要迅速撤离。

　　客车相撞并起火后，要想办法快速离开，如有安全锤，用锤子破窗后逃离，以免车辆爆炸，出现更大伤害。

应急小贴士

　　小朋友一定要牢记，一旦撞车，要咬紧牙关，马上把双手抱在头上，两膝抬起，和身子一起缩成球状，紧紧靠在座椅上。同时，尽量用脚抵在前面的座椅背上，避免受到再次撞击。

遇到公交车意外事故怎么办

!!! 情景再现 !!!

从上小学三年级起，小田就开始乘坐公交车上学。家人为此而感到骄傲，觉得他很独立。小田刚开始还有点紧张，怕晚点、怕坐不上车、怕坐过站，过了一段时间，便渐渐适应了乘公交车上学放学的生活。

其他同学家长见小田能做到独自上下学，便让自家孩子跟小田一起去坐公交车。小田和朋友们的"公交车小分队"组建成功啦！五六个年龄相仿的男孩、女孩每天一起上学、一起放学，总是热热闹闹的。

当然，也免不了打打闹闹，就连等车的短短时间也不放过。他们一直你追我赶，好不热闹，直到上车，这热闹劲儿也没消退。

这天，他们边追着闹着边上车，小田是最后一个上车的。先上车的小伙伴还在和他闹，伸手要挠他的痒。小田急忙向后退着躲。未曾想，车门正在合拢，小田直接被夹在门缝里，胳膊疼痛难忍。司机吓得忙打开车门，却为时已晚，小田还是伤到了胳膊，足足用了好些天才养好。

安全叮咛

1. 小朋友们，在公交车站点候车时或下车之后，不要在站点打闹。

虽然开到站点的公交车速度比较慢，但仍在前行。在公交车附近玩耍、打闹，都存在被刮伤或碰倒的可能。

2. 事先备好零钱或带好公交卡。

乘坐公交车时，最好用公交卡，或者事先准备好零钱，不要露出更多的钱财，以免引起小偷注意，他们趁车上人多偷抢。

3. 上下公交车时，要依次进行，别争抢。

等公交车停稳再上下车。人多时要排队上下车，不要拥挤。上车之后要往车里走。没有座位时，要两腿微张，抓紧扶手站好。

4. 把书包放在身体前面再上车。

书包放在身后上车容易被挤住，或者关车门时被夹住。

5. 乘车时，不可把头和手臂伸出窗外。

公交车行驶过程中，路边不时有树枝和其他车辆出

现，有的距离很近，可能会碰伤、剐到伸出车外的头或手，还可能让你被车轮卷起的沙石打到。

6.公交车行驶过程中，不要四处走动、打闹。

公交车运行时会比较颠簸，此时在车内行走不方便，容易摔倒。在车内不要与同伴在车内打闹，以免公交车转弯、刹车时，身体不稳，发生碰撞等情况。

7.不要将带有竹签的食物或者鞭炮等危险品带上车。

在公交车上吃羊肉串类带有竹签的食物时，车辆晃动可能导致小朋友被竹签扎到。鞭炮等物品带上车，则可能因挤压、高温等情况发生意外。

8.公交车若发生撞车等意外时要及时逃生。

公交车出现事故时，要冷静对待，及时逃离。先看前后门，如果无法打开，要找到门上的应急开关，强制开门。还可以打开车窗爬出，车窗打不开时，找到安全锤或其他尖锐的东西，砸碎玻璃再爬出去。车顶的"通风口"也是逃生通道，只要想办法打开，就可以逃出去。

9.公交车若遇到意外，无法逃脱时，要及时呼救。

在无法从公交车门窗、"通风口"逃出时，要大声呼救，击打车体，引起路人注意。若手机可接通，要迅速报警求救。

10.下车前后要多想多看。

要想想自己的东西有没有落在车上，看看车辆是否停稳、旁边是否有别的车辆行驶再下车。

应急小贴士

小朋友们，乘坐公交车时，要注意安全，不要打闹，手和头不能伸出窗外。出现危险时要及时呼救，从门、窗处逃出公交车。

④ 乘坐地铁或轻轨遇到意外怎么办

7岁的小洋听说爸爸妈妈要带他去坐地铁，立即穿衣穿鞋在门口等着了，都不用别人催。他平时就很喜欢乘坐各种车辆，觉得坐在车上飞驰的感觉特别棒。他尤其爱坐地铁，又快又稳，只要出门，他就嚷着要坐地铁。

每次爸妈带他乘坐地铁时，他都很兴奋，候车期间又蹦又跳，东瞅西看。可爸妈总是紧紧拉着他的手不让他胡乱走动，这让他有些郁闷。

这次出门，在等地铁时爸妈碰到熟人也领着孩子在候车，在爸妈忙着和他们说话时，他终于有时间自己到处走走看看。不知不觉中，他走到了黄色安全警戒线外。地铁进站的声音他也没有听到，眼看着地铁亮着大灯开过来，他根本不知道该如何反应。这时，一位工作人员飞跑过来，一把将他拉过来，两人因此摔倒在地。

小洋的爸妈见此情景，吓得冷汗直流。

一、交通意外防范及处置

1.在安全区域,文明候车。

进入候车区,要看清哪里有黄色安全警示线,千万不可越过。要在安全区域等车,即便与小伙伴同行,也不要和他们在站台上追逐打闹。

2.不跳下站台,也不能进入标有警示标志的区域。

候车时不要四处走动,更不要跳下站台,随意进入轨道、隧道和其他有警示标志的区域。地铁、轻轨车速太快,一旦行驶过来,处于警示区域的小朋友根本来不及反应,后果严重。若不小心进入轨道或隧道区域,发现后要立即折回或呼唤求救。

3.有序上车,切勿拥挤。

按照先下后上的原则,看好箭头指示方向再依次上车,不要拥挤,也不要倚靠在屏蔽门上。屏蔽门指示灯闪烁、车门正在关闭时,不要再上车,以免被门夹住。

4.身体若被夹，要阻止车门关闭并呼救。

上车时，如果身体不慎被车门夹住，一定要向外发力，将门支住，避免车门强行关上，受到更大挤压。同时还要及早呼喊，请人帮忙救援。

5.乘车时要坐好扶稳，下车时不要试图用物品阻拦车门关闭。

没有座位时，切记要站稳、扶好拉手，不要倚靠车门。急于下车时，也不要用物品阻挡车门关闭，以免发生危险。

6.屏蔽门不能自动开启时，记得要按绿色按钮。

按下屏蔽门上的绿色按钮，可以手动拉开屏蔽门下车。

7.如果地铁或轻轨运行时突然停电，要听从指挥，有序离开。

遇到地铁或轻轨突然断电的情况，也要保持冷静，不要随意离开车厢走入隧道。车上会有近一个小时的应急照明和通风，听从工作人员指挥，安全离开即可。

8.遇到地铁或轻轨发生碰撞或脱轨意外时，要先自救。

首先要马上趴下，低头含胸，抓住周边座椅或栏杆等牢固物体。等地铁或轻轨不再晃动后再移动身体，路轨通电或宣告已经截断电源后才能下车，或紧贴安全疏散通道撤离。

应急小贴士

小朋友请注意，地铁或轻轨发生碰撞或脱轨意外时，要远离门窗，迅速趴下，把头低至下巴紧贴胸前，并抓住或紧靠牢固物体，车停稳后，观察好周围环境再展开自救与互救。

交通意外防范及处置

路上发生交通事故怎么办

!!! 情景再现 !!!

　　"俊俊，我们一起去广场滑轮滑吧！"周日下午，8岁的云云给小伙伴俊俊打去电话，俊俊立即答应了。云云和俊俊既是同学又是邻居，经常一起在父母的陪同下到广场滑轮滑，他们都是轮滑"高手"。

　　到了广场，俊俊妈和云云妈叮嘱俊俊和云云不要乱跑后，便坐在休闲椅上闲聊了。俊俊和云云边滑边笑着闹着，不知不觉就滑到广场边了。

　　"来呀，你追不上我！"云云在前面得意地喊。俊俊拼命向前追。云云一边回头一边往前滑，滑到了街道上也没注意。这时一辆出租车驶来，司机紧急刹车，却还是将云云撞倒在地。

那司机把云云扶起来后，问她哪里疼，并让她活动了一下手脚，见没有大问题，便提出给两个孩子每人一百元买好吃的，这件事就"私了"了。两个孩子同意了。

晚上回家后，云云喊着膝盖疼。妈妈仔细查看，发现云云的膝盖已经肿胀起来。到医院检查后才知伤了软组织，云云疼得好几天都没办法好好走路，却已无法找到肇事者索赔。

安全叮咛

1. 小朋友，在路上行走一定要有强烈的交通安全意识。

每个人行走或驾车行驶在道路上，都要遵守交通规则。走路必须要靠右侧、走人行道。注意避让车辆，不能与机动车抢道。

2. 过横道时要按照交通信号灯指示，从人行横道（过街天桥、地下通道）通过。

过横道时，按照"红灯停、绿灯行"的规定，提前观察车辆行驶情况，先向左看，再向右看，在没有车辆通行时，才能通过横道。不要抢时间，更不要犹豫不决、停停走走。绝不要跑向路中又回头看或者突然加速穿过横道。若有车辆驶过，要保持冷静，站在原地不动，等车辆通过后再走，千万不可后退或者变速抢道。

3. 上学或放学路上，与同学结伴而行时要列队。

三人以上一起走时，不要横排走，而应该纵队前行。路上与同伴不要打打闹闹、你追我赶，以免被车辆撞到或者互相之间碰伤。

4. 走路时，注意力要集中。

不要在走路时看书、看手机等。遇到大风、大雨、大雪、烈日等特殊天气，使用衣物、雨具、遮阳伞等物时，注意不要挡住自己的视线，以免看不清路况，出现意外。

5. 不能跨越道路中间的安全护栏。

翻越安全护栏、隔离墩都很危险，容易被从路上驶过的车辆刮倒。

6.不可在路边玩滑板、轮滑。

在路边玩轮滑、滑板时，一旦速度控制不好，极易冲上路面，被过往的车辆撞到。

7.绝对不能不看车辆横穿马路。

马路上的机动车辆众多，横穿马路被车辆撞到的可能性特别大。不管多着急，即便马路对面有熟人，也要等没有车辆时再走人行横道。

8.遇到交通事故，要向大人求助。

被车辆碰到或撞到，要及时向身边的大人求助。在保护好现场的情况下，拨打求救电话，请交警和医护人员来帮忙。如果自己受伤出血，要先让身边大人帮助包扎止血。

9.处理事故要冷静。

若肇事者逃跑，一定要记清车牌号、车辆颜色、特点、逃跑方向。若肇事司机要求"私了"，千万要拒绝，以免留下后患。

应急小贴士

小朋友，路上遇到交通事故，不要慌张，而应该保持现场原状，拨打"122"交通事故报警电话，让交警来处理。如果看到有人受伤，则要拨打"120"急救中心电话，让医护人员来帮忙。

自驾游途中
出现意外怎么办

　　萱萱盼望许久的大日子终于来了！爸爸妈妈答应带她去自驾游，此刻，车轮终于启动了！

　　萱萱觉得有只快乐的小鸟已经放飞在晴朗的天空。等暑假结束，她升入四年级时，也可以和同学们聊得眉飞色舞，就像上次小琪那样。

　　一路上，萱萱都和爸妈保持着"边逛边吃"的节奏，虽然累但快乐着。

　　一家三口在某景区逛到一半时，萱萱看中了一件个头挺大、能活动、会射击的机器人玩具，便让爸妈给她买。爸爸妈妈觉得在景区里带这么大的玩具不方便，答应她逛完再买。没想到，出景区时走的是另一条路线，没找到卖那种机器人玩具的地方。

　　萱萱很不满意，大声埋怨爸妈不守信用。回到车上时，萱萱闹着要坐副驾驶的位置，还不听妈妈劝说，后来干脆大吵大闹。

　　当时车辆正行驶在一个很大的拐弯处。萱萱的爸爸心烦意乱，忘记及早转弯，车子直

一　交通意外防范及处置

接撞到了突出的大石头。

萱萱的头被撞出了很大一个包，后来到医院检查为轻微脑震荡，自驾游也因此不得不提前结束了。

安全叮咛

1.小朋友，自驾游出发之前，记得提醒家人检查好车况。

启程前要提醒家人检查车况，比如车辆轮胎是否安好、油量是否充足、三角警示牌等随身小工具有没有携带齐全。不要开非法改装车辆上路。

2.注意提醒家人不要疲劳驾驶、不要夜间行驶。

驾驶员长时间开车，注意力很难集中。若在夜里开车，处于疲劳状态，出现意外的机率会大大增加，得不偿失。适当休息或轮换开车，才能保证出游质量。

3.保持好心情，路上不要闹情绪。

小朋友在自驾游途中不能耍脾气，高速路上更不能闹着要下车。家人心情舒畅，会让驾驶更安全。

4.发生车辆剐蹭事件时，劝家人不要发火。

自家车辆在旅游途中，发生与其他车辆争路、剐蹭之类的事情时，要努力劝家人不要轻易发火，避免引起更多的麻烦。

5.遇有特殊路段，切莫大呼小叫。

一些坡路、山路、小路或有障碍物的路段很难行驶，需要驾驶人员全神贯注。此时不要大声惊呼，以免分散驾驶人员的注意力，引起不必要的麻烦。

6.停车时，要锁好门窗。

事先和家人约好，贵重物品随身携带，不要暴露财物。

7.独自留在车内时间不要过长，且保持通风。

若家人临时有事，留下小朋友一个人在车里时，一定要在窗口留好通风缝隙。

8.事先准备好联系方式。

把自己和家人的姓名以及联系电话写好，以备万一出现意外，方便救援人员与亲属联系。

9.遇到意外，抢先自救。

平时坐车时，小朋友不要坐在副驾驶位置。若遇撞车等危险，先让自己缩成球形。等自己从危险中逃出来，再大声呼喊，看家人是否脱险。

10.野外呼救，要懂得求助方法。

自驾游行驶到野外遇到意外时，要向外界呼救。白天可以点燃火堆，用烟雾引起注意，也可以挥舞彩色衣物。晚上则用火光发出信号。还可以利用光信号发出SOS求救信号，即不断重复发出三长两短的光源信号。白天利用反光镜反射光影；夜晚则用手电筒射出光束。

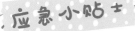

应急小贴士

小朋友，如果在自驾游途中若遇到意外，一定要控制情绪，不要惊慌，要想办法先自救或与家人互救，再向外求援。

一 交通意外防范及处置

搭乘飞机时遇到 ⑦ 意外怎么办

!!! 情景再现 !!!

　　7岁的贝贝正处于淘气阶段，就连坐飞机也不闲着。飞机要起飞时，妈妈将他按在椅子上，让他老老实实地坐着，帮他系好了安全带。

　　等飞机开得平稳后，他闹着要解开安全带。妈妈不肯，他就说要去卫生间。没办法，妈妈只好带他去，回来时，又帮他系好了安全带。就这样一解一系，小贝贝便学会了如何系、解安全带。他趁妈妈闭目养神之际，自己解开了安全带，四处走走看看，不管是什么按钮都去按。空乘人员发现后，将他劝阻了回去。可没多一会儿，他又开始四处走动。

这一次他的运气没有那么好。飞机正好遇上气流，晃动起来。贝贝站不稳，胡乱想抓住什么却抓不住，直接撞到别人的座椅上又弹回来。把他吓得大哭。妈妈听到声音，慌手慌脚地将他领回到座位。小贝贝已被撞得胳膊腿都肿起来，幸好没有伤及骨头，但足以让小贝贝吸取教训了。

安全叮咛

1.各种易燃易爆等危险品都不要带进机场。

即使有喜欢的鞭炮等物，也不能带上飞机，这些都是违禁物品。

2.登机后，要了解安全逃生路线。

记住离自己最近的安全出口方向和行走路线。万一出现意外，该如何从自己的位置逃到安全出口，并掌握解开安全带的方法。

3.乘坐飞机时，不要乱动机舱内的物品。

尤其不要扭动、按压机舱内的各种按钮、阀门等，避免意外发生。

4.飞机起飞、降落时不要乱走乱动。

飞机起飞、降落时，状态不够平衡，人们不能随意走动，也不能去厕所。小朋友应该把椅背放直，把安全带系好。

5.飞机遇到意外情况，不要慌乱，按照乘务人员的要求行事。

遇到气流冲击等情况，一定要把安全带系好，以免碰撞致伤。

6.将尖锐物品取下，做好逃生准备。

小朋友们身上如果有眼镜、项链等物品，都要从身上取下来。再把小桌板收好，椅背也要竖起来，方便行走。

7.有烟雾时要防止吸入体内。

先把防烟头罩戴好，用湿手巾捂住口鼻，把头尽最大可能低下去。尽量在200秒内，快速匍匐前行到安全出口。出现其他意外时，要听从乘务人员指挥，戴好氧气罩，或穿好救生衣。

8.飞机迫降时，要保护身体别受伤。

飞机一旦迫降，应该把身体蜷缩在一起，或者把双手扶住前排椅背，再把头部放在手上。

9.逃出飞机后,一定要逆风逃跑,不要往回跑。

逃出飞机后,应该立刻背向飞机,逆着风跑远些。不管有多么贵重的东西落在飞机上,都不要跑回去取。

应急小贴士

一旦飞机遇到意外,小朋友千万要冷静,听从乘务人员指挥,及时、快速向安全出口撤离。逃出飞机后,要找到家人,不要和他们分开。

8 遇到翻船事故怎么办

!!! 情景再现 !!!

小慧和爸爸妈妈一起到海边游玩,听说可以出海,还可以到海里去捞鱼虾,小慧特别好奇,嚷着要去看热闹。

爸爸妈妈也想让小慧增加些见识和阅历,就带她到渔船上,看渔夫们如何撒网、收网,如何从海中把螃蟹、虾等打捞出来。

小慧没有坐过渔船,好不容易小心翼翼地上了船,还穿上了救生衣,仍然十分紧张,不敢乱动。等看到螃蟹被打捞上来时,她再也坐不住了,站起来跑过去看。渔船晃晃悠悠,与邻近的渔船撞到一起,侧翻了,小慧站不稳,惊慌地大喊大叫着。爸爸妈妈一同跑过去想拉她一把,还没等拉住她,那船严重倾斜了一下,小慧掉进了海里。

她两只手伸得高高的，刚刚大喊了一声救命，一个浪涌过来，她呛了一口海水。幸好她身穿救生衣，并没有沉下去。会水的渔夫跳进海里，将她救了上来。

安全叮咛

1.小朋友，登上轮船时，一定要具备安全防范意识。

首先要熟悉船上的环境，要知道救生衣、救生圈、救生艇的位置，熟悉内梯道、外梯道、旋梯等快速上甲板的安全路线，提高遇到意外时的获救概率。

2.如果轮船出现事故，要保持冷静，判断事故原因，选择逃生方式。

船只遇险时，如果沉没速度很快，那么跳海生还的可能性更大。如果沉没速度没那么快，留在船上获救的概率较大。

3.接到沉船报警，立即穿上救生衣。

穿救生衣时，应先把两手穿进去，披在肩上，胸部的带子要系紧，腰部的带子绕一圈后再扎紧，领口的带子也要系好。逃离时，要认准各船舱紧急疏散示意方

向。弃船后，要尽量远离出事船只，防止船下沉造成的漩涡把人卷入其中。

4.跳水逃生时尽量选择较低的位置。

跳水时，要避开水面上的漂浮物。选择从船的上风舷跳下，如果船左右倾斜，则从船首或船尾跳下。

5.入水后不要喝海水。

跳入水中后，保持双脚并拢屈到胸前，两肘紧贴身旁，交叉放在救生衣上，使头颈露出水面。鞋子和重衣服都要甩掉，最好抓住漂浮物。漂在海水中时，再渴也不能喝海水，以免造成脱水。如果过于饥饿，可以食用海藻。

6.不会游泳又没有救生衣时，要保证头部露在水面。

沉入水中之前要拼命吸气，下沉时，应该紧闭嘴唇，咬紧牙齿憋住气。要尽量仰起头，使身体倾斜，以便慢慢浮出水面。要尽最大可能保持头部露在水面上，手放在水里划水。千万不要将手举出水面，更不要在水中拼命挣扎。

应急小贴士

如果遇到翻船事故，一定要冷静。快速拿到救生衣并穿好，跑到甲板上，拿到船舷两侧的救生圈。要听从指挥，依次使用甲板上或船尾处的救生艇、救生筏。关键是树立一定能活着回去的信心。

因路障受伤怎么办

每次写完作业，只要天气不错，9岁的平平就会跑到楼下去玩。这片居民区属于中档住宅区，人员并不复杂，年龄差不多的小朋友都会跑出来玩。

有好几个小伙伴会和平平一起玩。他们经常在这片区域内跑来跑去，各种的游戏都能玩得热火朝天。

在户外玩的时候，平平和小伙伴们特别投入，经常跑得飞快，跑得满头大汗。没办法，谁也不想被"抓"住。

这次平平如往常一般快速奔跑，边跑边回头，看小伙伴有没有追上来。正跑得起劲，却脚下一软，直直地摔倒在地，脸部、手肘、腿部多处擦伤。

事后，平平才知道，他一脚踩在了打开的窨井边缘，如果一脚迈到窨井处就会直接掉下去，想想就让人后怕。窨井处有一根长长的管子通向绿化带，似乎正在往里排水。如果平平跑时向前看看，这一切便不会发生了。

安全叮咛

1.要小心路面上的"深坑"障碍。

走路时必须留心路况。道路在维修或安装某些线路时，会挖出一些深坑、沟渠，无法立即填平，就造成了路障。经过这样的路段时，要绕路而行。在夜晚尤其要注意不要掉进坑中。

2.正在施工的路面沙石多且不平，不要在上面行走。

尽量不要在正在施工的路面上行走。这样的路面崎岖不平，很难行走，如果摔倒，被沙石划伤、扎伤的可能性太大。

一、交通意外防范及处置

3.居民区内，要留心窨井是否有盖。

平时走路就要养成不踩井盖的习惯，远离井盖不稳或没有井盖而掉进窨井的"陷阱"。

4.雨天出现内涝时，不要沿着马路牙石下面走。

内涝发生时，为了快速排水，一些窨井盖子会被打开。此时沿着马路牙石下方走，很有可能踩到没盖上盖子的窨井，造成意外伤害。

5.路边堆有障碍物时，要注意绕行。

一些路段因维修等原因，会设置障碍物，禁止车辆通过。走到这样的路段时，一定要绕路而行，不要迈过、跳过障碍。另外，还要注意过往车辆，确保没有危险时再通过。

6.小心路上出现的其他杂物。

在一些商场门口摆放彩虹门的线路、连接音箱的电线，还有头上斜伸出来的树枝等，都是走路时需要留心的物品，要避免被绊倒或剐伤。

7.若因路障受伤，要先治伤。

不小心掉入道路"坑"中、撞到路障时，要先检查身体有没有受伤。如果有流血、摔伤等情况，需要先止血快速就医，不要耽误。

应急小贴士

掉入"坑"类陷阱时，尽可能避免脸部先着地。撞到障碍物时，要先保护头部别被撞，将伤害降到最低。

10

雨雪天，在路面摔倒怎么办

下雪啦！漫天的雪花飘啊飘，瞬间将大地装扮成了童话世界。

小微趴在窗口看了半天，直到雪停，再也忍不住了，喊着妈妈让她下楼去玩雪，因为别的小朋友都已经下楼了。有的堆雪人，有的打雪仗，有的坐雪滑梯。她也要参与到他们中间去。

妈妈同意了，因为小微已经多次自己下楼和小区的孩子们一起玩了，已经熟门熟路。出门前，妈妈提醒女儿一定要注意安全，小心路滑，别摔倒了。

小微和小伙伴们在雪地上撒欢，享受这难得的雪中乐趣，欢笑声飘出去很远很远。美中不足的是，他们的雪滑梯只有一米长的距离，滑起来一点也不过瘾。

正玩着，又一个小伙伴跑过来说，前面有一条"滑道"，滑起来特别爽，不如去那里玩。

原来，那是一条被车辆压出来的车辙路段，雪已压实，非常光滑。几个小朋友跑过去，依次在上面滑过。有个小朋友差点摔倒，吓得尖叫起来，引起一阵哄笑。

小微也滑了几次，等再次滑上去时，运气却没有那么好，而是向左一歪，摔倒在地。她半天没站起来，直喊脚疼。小朋友们赶紧把小微的妈妈找来，送小微去了医院。小微的左脚踝崴伤了，养了好些天才好。

交通意外防范及处置

33

安全叮咛

1.遇到雨雪天气，要更加小心。

雨雪天气，尽量不要出门。如果必须出门，要注意避开湿滑、冰雪路面。

2.摔倒时，不要用手腕支撑。

路面太滑，如果突然摔倒，不能用手腕去支撑地面，这样极易造成手臂骨折。应有意识地用整个身体的侧面着地，尽量增加受力面积。

3.如果是正面摔倒，要避免关节、骨头先着地。

马上要摔倒时，头脑要冷静快速反应，尽可能避免自己的关节、骨头摔到地面上，而应选择身体上肌肉多的部位先落地，比如让肩膀或大腿先着地，减少骨折的风险。

4.若向后摔倒，不要摔到后脑。

如果是向后摔倒，遭受的伤害会更大，尤其是摔到后脑的时候。所以，一定要设法别让后脑摔到地上。正确的做法是向后摔倒时，要低下头来，让小臂、大臂、背部依次着地，这样能保护大脑不会受到伤害。

5.若向侧方向摔倒，注意别把脚扭伤。

向侧方向摔倒，容易扭伤脚部。此时要顺势倒地，将全身的重量分配到身体的其他部位，让肌肉先落地，可以将所受到的伤害减少到最低程度。

6.摔倒后不要立即起来，而要先检查伤势。

摔倒后不要因怕别人笑话而立刻爬起，应该先缓慢活动四肢，检查有无受伤的部位，看有无骨折现象。轻易站起来有可能加重损伤部位的伤情。确定伤势不重后，再慢慢爬起。严重摔伤者应该保持不动姿势，求助身边的人拨打120。

应急小贴士

小朋友，如果在雨雪结冰路面摔倒，一定要注意保护头部和关节等部位。摔倒后不要急于爬起，要检查是否受伤，活动手、头、颈、腰、腿，查看是否有痛感等。若出现骨折情形则不要随意活动，避免引起二次损伤。

乘坐火车时发生意外怎么办

　　春节要到了，壮壮的爸爸决定独自带孩子回老家。没办法，壮壮的妈妈有工作要忙，走不开。

　　7岁的壮壮很能干，拖着行李箱跟在爸爸的身边，一点也不用大人操心。因为是回家过春节，壮壮爸带的礼物比较多，也着实顾不过来。见儿子能帮忙，免不了要夸奖几句。壮壮更加得意了："爸爸，你放心，我是小男子汉，绝对能帮上忙。"

　　由于客流量大，一路上，壮壮被东撞一下西撞一下，他也一直忍着不吭声，他知道不能给爸爸添麻烦，爸爸感到很欣慰。就连上电梯时，壮壮都能一个人顺利地把行李箱拖到电梯上，壮壮爸彻底放心了。

一　交通意外防范及处置

检票后，旅客潮水一般拥到站台上，壮壮也跟着紧跑慢跑随着人流往前走，脑门都流出汗来也没喊停。

等上车的时候，旅客一下子堵在了车门前。要下车的旅客好不容易冲下车，要上车的旅客则拼命往上挤。列车乘务员怎么管理也无效。壮壮拉着行李箱跟在爸爸身后挤上前去，车门被堵得水泄不通。

突然车门处有人被狠狠推了出来，摔倒在众人身上，将壮壮撞倒并压在了下面。

虽然壮壮很快被救起来了，但还是被压得多处受了伤。爸爸很自责，后悔没有好好照顾壮壮。

安全叮咛

1.乘坐火车时，必须遵守相关规定。

不要携带易燃易爆危险品、尖锐物品进站上车。贵重物品要随身携带，不要外露。在车站候车及上下车期间，要听从车站及列车上的工作人员的指挥。

2.出入站台要时刻注意人身安全。

出入站台时人多拥挤，旅客的注意力都集中在检票、寻找车厢和座位上，若不按秩序进行，很容易产生碰撞、摔伤和踩踏事故。注意保护好自己，别被挤到、碰到，紧跟家人，同时也要注意尽量不要推挤别人。

3.在站台候车时，不能跑到铁轨上去玩耍。

等候列车到来的间隙，千万不要趁大人不注意就到铁轨上跑来跑去，更不能跑到停靠在站台的火车下面。候车时，禁止在站台内打闹、嬉戏，要在安全线内等候，以免被火车开过来时产生的气流带进道沟。

4.上下火车时，一定要排队。

上下火车时，不要抢上抢下，或者从车窗爬上爬下，这些行为极易导致意外事故发生。另外，千万不要为了快速上车或下车，而从火车车厢下方钻过或在铁轨上穿行，避免火车突然开动，造成不必要的伤害。

5.遇到意外要及时呼救。

出现碰撞、摔倒，或摔进道沟等意外时，要立即呼救。若出现受伤情况要及时检查、医治。

6.火车万一发生事故，则要抢先自救。

火车发生事故剧烈晃动时，千万不要盲目跳车，而应该展开自救，保护好头部和胸部，并抓牢座椅等物。等可以离开时，要在乘务人员的指挥下，依次离开。

应急小贴士

在乘火车时一旦出现被撞倒、摔伤等意外事故，尤其在受伤的情况下，向车站和列车上的乘警、乘务人员和热心的旅客求助，都会得到及时的帮助。

交通意外防范及处置

被楼上坠物砸到怎么办

!!! 情景再现 !!!

　　家里离学校并没有多远。升入小学5年级后，丁丁他们这群小学生就自己上学、放学，不需要家长接送了。有时，他们还会相约在课余时间一起踢一会儿球，或到小商店买点好吃的。只要按时回家，他们的父母也很放心。

　　这天，丁丁说他发现了一处好玩的地方，招呼小勇、小志一起去。原来，他看到路上不远处有一块空地，里面垒起了砖墙，搭起了脚手架，并没有塔吊等物，也很少有人在里面施工，便想进去一探究竟。

丁丁他们三个小伙伴猫腰进去，发现里面已经筑起了围墙，却都没有门，像一座迷宫一样。三个小朋友开心极了，在里面玩起了捉迷藏。

三个人跑着跑着，丁丁不慎撞到了脚手架，上面一个水泥桶应声倒下，正好砸在随后跑过来的小志身上。

"哎呀！"听到这声喊叫，丁丁才知道小志被砸到了。幸好水泥桶是空的，小志也只是被砸到了脚背，疼是疼了些，但还好没有大碍。

这时，值守在工地里的工人也发现了他们，赶忙过来阻止，告诫他们坚决不能到工地玩耍，太危险。

安全叮咛

1. 小朋友要注意，走路时不要离楼房过近，避免被坠物砸到。

如今，高空坠物已成为城市的重要安全隐患。如果被楼上坠物砸到，轻则致伤致残，重则性命难保。

2. 平时走路要留意居民楼上是否有杂物。

居民区的阳台或露台上经常会摆满杂物。从这样的楼下经过，一定要离得远些，避免杂物摆放不当或因风坠落，砸到自己。

3.行走时要关注警示牌。

一般经常坠物的路段常贴有警示牌等标志，看到此类标识，要绕路而行，确保安全。

4.在街道上行走，要走内街。

如果行走在高层建筑路段，应该尽量走有防护的内街。

5.在极端恶劣天气里行走，要避开高架广告牌等。

大风、暴雨、龙卷风、台风等极端天气出现时，小朋友如果在户外行走，一定要远离高架广告牌、高楼的墙面装饰物、窗户玻璃碎片等物坠落。高架广告牌等容易受风力影响而坠落或倒塌，在这样的路段经过，危险性大大增加。

6.不要到建筑施工工地等处玩耍。

小朋友要在安全区域活动，不得到建筑工地等处玩耍，以免有建筑施工物品滑落，让自己被砸伤。

7.北方雪融季节，要小心房屋积雪和冰溜掉落。

北方地区春季或初冬积雪融化时节，房屋上面的积雪、冰溜融化，极易掉落。在这样的屋檐下经过，被砸到的概率极大，一定要远离。

8.若被坠物砸到，必须先检查身体状况。

面对物体突然坠落，如来得及反应，要记得把头转开，不要让坠物直接砸到头上。对身体各部位要即刻检查。如果伤势较重，则马上就医。

应急小贴士

小朋友，如果发现楼上有坠物，要立即躲避，双手护住头部远离坠物降落的区域。万一被坠物砸到，要有意识地避开头部，先不要追究责任，应立即去医院检查处理。

二

家庭常见
意外防范及处置

触电了怎么办

自救好办法，
扫一扫学到手！

!!! 情景再现 !!!

　　夏天的傍晚，又闷又热。丽丽被妈妈从学校接回了家里。虽然这个家只是一个出租屋，爸爸妈妈只是城市的打工者，但丽丽仍然很快乐。她喜欢家里的电风扇。风扇插上电，打开开关，圆圆的"风扇大头"就会转呀转，带来一阵一阵的凉风，会让丽丽觉得很舒服。每次回到家，她都要跑到电风扇那里吹一会儿风，过一会儿瘾。

　　太阳下山之后，屋子里似乎没有那么热了，丽丽就把电扇停了。爸爸出去工作还没有回来，妈妈正在厨房忙着。丽丽想起妈妈说过，电风扇不开动时也是耗电的，最好把这插头拔了。就想学着爸妈的样子，把电风扇的插头拔下来。可是她力气小，拔了两下没有拔出来。但她没有放弃，继续努力着。

　　这时，妈妈刚巧看到丽丽在做的事情，赶紧走过来想告诉她不要拔了，由妈妈来拔。她话还没有出口，却看到女儿猛地把风扇插头拔了出

来，大叫一声，手被弹了回来，倒在了地上。

丽丽被电击倒了！事后，丽丽妈问女儿为什么会这样做，丽丽说，她只知道不能碰插座，没想到拔插头也会被电到。这让丽丽妈十分后怕，也把丽丽自己给吓坏了。

安全叮咛

1.小朋友不能乱动电源插座。

要知道，电源插座里有电，一定要远离，千万不能把手指插到插座里去。也不要自己拿钥匙、铁丝或者螺丝刀之类的东西往电源插座里插。这些东西导电，会造成意外伤害。

2.小朋友不要独自使用电器。

不管是大电器还是小家电，在父母不在身边、不知情的情况下，一定不要自己去触碰、插拔。例如电熨斗在使用之后会有余热，乱碰会烫到手；自己使用电吹风，有可能把头发吸到电机里发生危险。

3.要学会电器插头的正确使用方法。

父母教会怎样把电器插头安全插进插排之后，再经父母确认可以独立操作时，才可以拿着插头的绝缘部分插拔，千万不要碰到金属部分。

二 家庭常见意外防范及处置

4.开关灯或者插拔电时，一定要保证手部干燥。

手上潮湿的时候，不要碰电灯开关，也不要去插或拔电视插头，因为湿手易导电。

5.远离断开的电线。

看到有断开、垂到半空或者地面上的电线时，一定要离得远远的，不能碰到，更不能接触，手和脚都不可以碰。这样的电线存在带电的可能，非常危险。

6.打雷闪电的时候不能在户外活动。

遇到雷雨天，应该尽量留在家里休息或者进行室内活动。最好不要看电视、电脑等，以免电器被雷击坏，发生爆炸等危险的事故。

7.不要使用正在充电的手机。

手机边充电边使用有可能引起爆炸，造成人身伤害。

应急小贴士

小朋友们要知道，万一发生触电情况，一定要第一时间切断电源。如果是插拔电时触电，要立即扔掉插头；无法扔掉时，要找木质的东西将带电物体隔开。出现触电、肢体麻木的情况时不要慌乱，到安全地方休息一会儿。还要及时大声喊叫，让大人来帮忙。

12 遇到火灾怎么办

!!! 情景再现 !!!

"佳佳，你和同学在家里玩，爸爸有事出去，一会儿就回来。"听到爸爸这样说，10岁的佳佳很高兴，立刻答应了。同学到家里来玩，她本来就很高兴，原本由爸爸在家里陪他们，现在爸爸有事要出去，家里只有她和要好的同学，想怎么玩都可以，太好了！

佳佳和同学看电视、玩手机、玩玩具，忽然看到了前些天家里吃烛光晚餐时还没有用完的蜡烛。"我们来玩蜡烛吧。"想到爸妈总是不让她玩蜡烛，佳佳觉得这是一个好机会。

两个好奇的小朋友拿着蜡烛回到卧室，还找来了打火机。看着蜡烛点燃，两人都很兴奋，又蹦又跳。可没多一会儿他们便忘了蜡烛的事儿。蜡烛不知何时倒在了床上，烧着了床上用品。两个小朋友看到起火扑了几下，没扑灭，不由地惊慌失措。

浓烟飘出窗外，引起了楼下人的注意。他们判断着火楼层后，急忙赶到楼上。佳佳的爸爸也恰好回来，把门打开。在众人的帮助下，火被扑灭了。看着一屋狼藉，听到大人们都在说实在太危险了，佳佳和同学吓得大哭不止。

安全叮咛

1.小朋友千万不能玩火。

火柴、打火机不是小朋友的玩具，不要随意拿在手里玩。厨房里的煤气灶不能随意按动开关。"玩火危险"的观点一定要记牢。

2.平时要留心安全出口和疏散路线。

家里的楼梯等位置要牢记。外出到商场等公众场所时，要留心观察安全出口和疏散路线的标志，知道发生意外时，能往哪里跑。

二　家庭常见意外防范及处置

3.发生火灾时，首先要拿湿毛巾捂住口鼻。

在火灾现场，尤其是有浓烟的情况下，千万不要喊叫，要第一时间找到毛巾或者衣物，弄湿后捂住鼻子和嘴，以免被浓烟呛到。

4.不要到狭小的地方躲藏，要弯腰顺墙往外走。

室内出现火灾险情时，千万不要往床底下、大衣柜里或者沙发边上躲，而应该把衣物、床单、被子之类弄湿，披在身上，弯着腰，靠墙边往外逃。火势较大时，可以在地面爬行前进。

5.不要乘坐电梯，要往安全出口的方向逃。

在火灾发生时，躲进电梯等密闭空间里很容易窒息。逃生时不要选择电梯，而要朝着楼梯等安全出口的方向寻找出路。

6.出口着火时，也不要跳楼。

在无法下楼时，就到阳台、天窗等处求救。实在无处可去，可以躲到卫生间里，把水泼到门窗上，防止火势蔓延。楼层较低、可以跳楼时，也要保证地面有厚厚的防护垫才可以跳。

7.身上起火时，要就地打滚。

如果身上沾了火星，已经起火，千万别慌张，更不要四处乱窜，可以顺势在地上打几个滚，把火扑灭再起来。

8.求救时，要站在通风的地方向外呼喊。

向外求救时，一定要在没有浓烟的地方喊叫，比如窗口或者天窗、阳台等处。也可以向楼下扔一些靠枕等轻软的物品。还可以敲击管道、挥舞布条等引起注意。

9.顺竿下滑也是求生好办法。

有管道、电线杆的地方，可以顺势爬下去。如果家里有绳索、被单之类的物品，拿来拴在门上或者重物上，再顺着这些绳子、床单爬下去。

应急小贴士

小朋友一定要记住，遇到火灾，不要慌张，沉着自救。一定要先找到湿毛巾或者湿衣服，捂住口鼻，再顺着安全疏散路线向外爬行，到没有浓烟的地方再呼救。

烫伤了怎么办？

自救好办法，
扫一扫学到手！

!!! 情景再现 !!!

"妈妈快来——"声嘶力竭的呼喊声将瑶瑶妈从睡梦中喊醒过来。她顾不得正在生病，连忙爬下床，奔女儿所在的方向跑去。

瑶瑶在厨房哭得脸都红了，抽噎着说她被开水烫了。

瑶瑶今年9岁，平时也会帮妈妈洗碗、扫地，知道方便面用开水泡好了也能吃，却从未操作过。

瑶瑶妈患了重感冒，吃了药睡着了，到天黑时都没有醒。爸爸去上班还没有回来，瑶瑶饿了，便想自己弄点吃的。

她找了一圈儿，找到了两包方便面，便想泡方便面吃，这样比较省事，还不用麻烦妈妈。

瑶瑶会烧开水，将电热水壶中装满水，放到底座上通上电就可以了。

一、家庭常见意外防范及处置

水很快就烧好了。瑶瑶拿起水壶来泡方便面。整壶的水还是很沉的，瑶瑶费了些力气，将水壶端起。倒水的时候，不幸降临了：水壶里的热水不受控制地快速涌出，从碗里冲出来，直接洒到桌子上，又滴在她的脚上。瑶瑶疼得大叫，壶一歪，更多的热水又洒到了手上。

从未吃过如此苦头的瑶瑶本能地向妈妈求救。瑶瑶妈心疼得眼泪都快出来了，赶紧抓起女儿的手，冲向了自来水龙头。

安全叮咛

1. 小朋友，在使用热水壶、汤碗、火锅时要特别小心。

使用各种含热汤水的用品时，最好用隔热手套，平稳端起，要加倍小心，注意别烫到手。使用电热水壶要双手拿稳，倒水时离得远些。喝热汤要等凉一些，以免烫到嘴。

2. 如果被烫伤，立即用冷水处理。

若被热水热汤烫到，第一时间就是用冷水冲、泡被烫到的部位。最好坚持10分钟以上，以保证被烫部位的温度降下来。

3. 及时将烫伤部位的衣物除下来。

如果被烫部位穿有衣物，要将衣服脱下来。脱不下来时，就用剪刀剪开，避免碰到伤口，引起疼痛。

4. 涂抹烫伤膏等药油。

若只是皮肤红肿、没有破损的轻度烫伤，轻轻涂沫些烫伤膏等就可以了。

5. 中度烫伤在自行处理后要去医院就诊。

烫伤部位红肿得比较厉害，而且有水泡，要注意别弄破水泡，在降温处理、轻轻涂上烫伤药、及时到医院进行诊疗，以免留下疤痕。

6. 重度烫伤要立即送到医院诊治。

当烫伤部位皮肤已有体液渗出时，不能用水冲洗，可用生理盐水、庆大霉素来擦洗伤口，再用纱布包好后尽快去医院。如果没有适当的自救应急药品，必须快速去医院。

7. 舌头被烫伤，先用盐水漱口。

被热汤或热水烫伤舌头后，用盐水漱口，之后再含点醋。

8. 不可乱用偏方。

烫伤时，不能乱用偏方，不能用酱油、醋、面粉、食用油涂抹伤口，使用这些东西只会起反作用。老黄瓜水中有大量细菌，对伤口危险更大，千万不能用。牙膏虽然能起到缓解疼痛的作用，但很难清理。

9. 被化学物品灼伤时，要不断用清水冲洗。

若碰到烧碱等化学品被灼伤时，记得立即用清水不断冲洗受伤部位，至少冲洗一刻钟，然后再快速送往医院诊疗。

二 家庭常见意外防范及处置

应急小贴士

小朋友，一旦被热水、热汤烫伤，千万别慌，要记得立即用冷水冲洗伤口，至少冲10分钟以上。

但是若被烫得过于严重，皮肤被烫破、渗出体液时，则要立即到医院就医。

4 摔伤了怎么办

!!! 情景再现 !!!

　　明明是个帅气的男孩子，脸蛋圆圆，眼睛大大，谁见了都喜欢。6岁的小家伙也是个"人来疯"，每当家里来了客人，他都要舞刀弄剑表演一番，换来大人的一片喝彩。

　　如果大人们忙着说话，他也要想办法吸引他们的注意力，为此不惜爬高跳低，大呼小叫。爸妈也曾制止他不要这样，他却根本不听，对着爸妈撒一下娇，他们便无可奈何了。

　　过春节的时候，家里客人特别多。大人们很久没见，都要聊一下近况，明明便被"冷落"了。

他先在地上走了几圈，大人都是拍拍他的小肩膀，便让他上一边玩去。他很失落，想"玩一票大的"。他爬到了客厅的收纳柜上，大喝一声："孙悟空来也！"便往距离收纳柜一两米远的沙发上跳。

这一跳，明明本来就没有什么把握，大人在旁边一喊："别跳！"要过去抱他。明明便在跳时特意向旁边躲了一下，结果直接摔在了地板上，疼得他大哭起来。家里顿时乱成一团，有的帮明明检查哪里摔坏了，有的说不要这样跳来跳去，太危险。

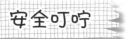

安全叮咛

1.小朋友要有一定的安全意识，保护自己别受伤。

平时注意观察周围的环境，对于有危险的行为不要去尝试。在家里也要留心脚下是否有杂物，避免被绊倒。

2.摔倒以后，要先检查自己是否有伤，一般伤情可用冰敷。

摔倒后不要急于起身，要看看自己的上肢、腰部或下肢等哪里摔疼了。如在家摔倒，有家人在场，条件允许时，可以用冰敷缓解疼痛。切勿用热敷，会加重病情。如果受伤部位有十分明显且难以忍受的疼痛感，并且一直持续并增强，应尽快呼救，不要自行或让非医务人员作揉、捏、掰、拉等处理，应该等急救医生赶到或到医院后让医务人员进行处理。

3.如果是腰部受伤，切勿随意乱动。

腰椎骨折后如果随意活动，很可能造成关节脱位，严重时下肢可能瘫痪。不要让人随意背抱，要用硬板抬到医院，或拨打120急救电话由专业医护人员救助。

4.如果上肢受伤，要尽量起身，立即就医。

如果摔倒后，受伤的是一只胳膊，可尽量起身，用另一只可活动的手扶住受伤肢体，然后迅速拨打急救电话，尽快就医。

5.受伤的若是下肢，尽可能抬高受伤部位。

如果摔伤的是腿部等下肢，应在条件允许时，抬高受伤部位，等急救医生前

来或去医院救治。

6. 伤处若流血，则要包扎处理。

如果伤处有破口流血，无论伤口大小，必须去医院进行治疗或处理。医务人员到来前，要及时止血，有条件的，可用消毒后的纱布包扎。没有条件，可用干净的布包扎，立即去医院治疗。如果摔伤的同时有异物刺入，切记不要自行拔除，要保持异物与身体相对固定，送医院进行处理。

7. 头部摔伤，至少要观察12小时。

摔到头部，如果出现头痛、呕吐等症状，要到医院脑外科诊治。持续观察12小时以上，直到情况稳定。

应急小贴士

摔倒时，保护好头部，避免自己的关节和骨头先着地，尽量选择肌肉部分先落地。如果出现受伤则立即呼救，由医生前来治疗，避免二次伤害。

⑤ 被刀弄伤了怎么办

自救好办法，
扫一扫学到手！

!!! 情景再现 !!!

明明是个不爱说话的孩子，平时喜欢默默地看大人做事，偶尔也会去模仿大人的动作。

他家开了个小商店，附近有一家木工工作室，经常有一些树根、木头段之类的东西运到工作室里。

明明在自家小商店待够了，就会跑到木工工作室去玩。他看到大人拿着小刀，在木块上雕雕磨磨，没多久就能创造出这件艺术品，觉得很神奇，常常一看一个下午。木工工作室里的人见明明感兴趣，有时也会逗他，让他也试试，还有人给了他一把小刀。

明明暗自高兴，拿着小刀，也自己找起了木块。别说，还真被他找到了一块。

二　家庭常见意外防范及处置

他把木块拿回家，也学着大人的样子，在木块上刻上自己想要的图案。

刻着刻着，手一抖，小刀直接划到了左手食指上，顿时黄豆粒般大小的血珠涌出来，当时就把他吓哭了。幸好他妈妈在家，帮他消毒止了血，叮嘱他不要自己乱用刀具，避免伤到自己。

安全叮咛

1.小朋友在日常生活中不要把刀具当成玩具。

我们日常生活中接触的刀，都有锋利和尖锐的特性，容易弄伤自己和他人。在使用刻刀、铅笔刀、剪刀、水果刀等物品的时候，必须提高防护意识，注意力集中，养成良好的使用物品习惯，使用后放回安全位置。

2.在使用刀具过程中，要规范操作，保证安全。

在用刀时，手离刀刃尽量远一点，握刀姿势要正确，被切割的物体摆放位置必须稳定，切勿心不在焉、精神分散、毛手毛脚，最好是在家长或老师指导监督下进行。先看大人示范，明白注意事项，不能逞强自行操作。切记刀不留情，稍不注意，就会付出血的代价。

3.如果被刀割伤，先要观察伤口再做处理。

伤口小、没有出血时，用碘酒清洗伤口避免感染；伤口小、出血缓慢并且少时，用碘酒清洗后再用干净纱布包扎，口服消炎药预防感染。

4.被刀弄伤后，若出血较多，要止血后去医院治疗。

被刀弄伤以后，若伤口较大，出血多就用干净的纱布叠厚一些，或用毛巾等按住伤口进行包扎，就近去医院治疗。

5.如果伤口流血呈喷射状，要在伤口上方止血。

被刀弄伤后，血呈喷射状流出，要立即按住伤口，在伤口的上方5到10厘米处，用止血带或止血纱布绑紧伤口，也可以用绳索或布条、腰带等条状软物绑紧来控制住出血。就近去医院治疗。

6.要害部位中刀，不要拔出，立即拨打120。

如果被捅伤的是身体要害部位（胸腹和头颈），不要拔出伤口中的刀具，尽快呼救120急诊，避免拉扯伤口，用毛巾或纱布等按压伤口周围，减少出血等待救援。

应急小贴士

被刀弄伤后，不能慌乱，出血少可以包扎后去医院处理。出血多必须控制出血，用力压住伤口上面的动脉，立即呼救寻求帮助。同时利用身边的绳子、鞋带、腰带等绑紧伤口，不要做剧烈动作，等待救援。

二 家庭常见意外防范及处置

6 被食物噎住了 怎么办

自救好办法，
扫一扫学到手！

!!! 情景再现 !!!

小安已经8岁了，和人家6岁的孩子比较，无论是身高，还是体重，他都不占优势，只因为他不爱吃饭。

小的时候，他吃饭都靠家人一口一口地喂。一顿饭连喂带哄，总要一个小时才能吃得进去。大些了，他不想吃饭就自己跑一边去，家人怎么劝也不开口。这样直接导致的后果就是小安的成长速度明显慢于同龄小伙伴。为此，他的爸爸妈妈很是发愁，到处寻找良方，改善小安这种状况。

得知小安的情况，又了解到小安喜欢比试、不服输的个性，小安爸爸的一位好朋友小张自告奋勇，说他有办法让小安爱上吃饭。

小安被带到了饭桌前，看着小张叔叔大口大口地吃饭。小安惊奇地瞪大了眼睛。小张说："你是男子汉，和我比试一下，看咱俩谁吃饭快。"小张还说有赌注的。

小安的好胜心被激发出来，"比就比，谁怕谁呀。"他让妈妈把饭拿来，学着小张叔叔的样子，也大口大口地吃起饭来。

没吃两口，小安却被噎得直翻白眼，吓得小安的爸爸妈妈又是拍背又是找水，忙乎了好一阵子，才治好了小安。

安全叮咛

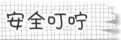

1.吃东西，要坐下来慢慢吃。

边走边吃、边跑边吃、边说边吃，都不是好习惯，很容易在吃东西的时候被噎住，自己难受，也带来了引起窒息的危险。坐下来吃东西则安全得多。

2.吃东西要细嚼慢咽，以防被噎。

东西吃得太快、吞咽剧烈，或者吞食量大、过干，都可能被噎住。细嚼慢咽则将被噎的风险大大降低。

3.吃东西被噎住，必须冷静，停止进食。

当感觉自己被食物噎住的时候，要立即站起来，抬起下巴。如果噎得不严重，可以喝点水或者香油，润滑一下食道。大部分被噎住的食物会随着香油或水进入肠胃中。

4.如果被食物噎得难受，可以催吐。

用手压住喉咙部位，刺激自己产生恶心呕吐的感觉，可以使卡在食道中的食物吐出来，能有效解决被食物噎住的问题。

5.被食物噎得呼吸不畅，要使用腹部冲击法。

用自己的腹部（肚脐和胸骨之间）紧贴在桌子或椅子的钝角处对自己的肚子施压几次，可以有效将食道中噎住的食物吐出体外，这样被噎的问题也就解决了。也可以一手握拳，大拇指关节凸起，放在肚脐处，另一只手的手掌直接压在握拳的手上，快速、用力向上施压6～10次，被噎住的食物就能吐出来。

6.被食物噎得呼吸困难，立即自救、请人帮忙并拨打120急救。

被食物噎住以后，如果感觉呼吸困难，立即用力咳嗽，同时自救，即利用桌椅的棱或钝角冲击自己腹部，挤压自己的肺部气体，冲击被堵住的呼吸道。若有人在身边，请他帮忙采用海姆立克法救助，多试几次，迫使呼吸道通畅，以免引起窒息，危及生命。

应急小贴士

小朋友，如果被食物噎住了，不要慌，要停止进食，起身，抬下巴。在喝水或香油不起作用的情况下，积极自救。或者请人帮忙，让他面向自己，用膝和大腿抵住自己的胸部，用掌根在肩胛区间的脊柱上连续拍击自己，情况危急就用腹部冲击法，并拨打120急救电话，争取5分钟之内得到救治。

⑦ 被爆竹意外炸伤怎么办

!!! 情景再现 !!!

快过年了，小滔不用爸妈催促就加快了写作业的速度，只为腾出时间，好去买些鞭炮，等过年的时候与两个小表弟一起玩。

兄弟三人，每个人都拿着几个小鞭炮，放在地上，点燃之后跑开，等着听那"爆破声"。这是他们几个男孩子的过年乐趣，也都玩过好多回了。这次，妈妈仍让他买安全些的"小炮"。小滔不屑一顾地说那些都是"小儿科"，他都12岁了，放鞭炮的历史都有4年了，说什么也要买一些大点的"响炮"了。

小滔买到了自己想要的鞭炮。新年也终于来了，两个小表弟也到了小滔家。三个人一起跑到外面放鞭炮。接连放了好几个，个个响声震天，让他们很开心。

小滔又点燃了一枚"响炮"，还没等把手撤回，那鞭炮却突然炸开。"嘭"的一声，炸得小滔瞬间什么也听不到了。等反应过来，才发觉右手很疼还流血了，两个小表弟见状，急忙跑去找人。小滔的爸爸妈妈赶紧把他送到医院治疗。

安全叮咛

1.小朋友要到正规购买点买鞭炮，在燃放或观看烟花爆竹时，必须有安全防范意识。

通过正规渠道购买鞭炮、烟花，不要到不法商贩处购买不合格产品。燃放、观看烟花爆竹时，一定要保持安全距离，不要伤到自己，最好有家长陪同。

2.燃放鞭炮，要做好准备。

放鞭炮时最好佩戴防护用品，如耳塞、耳罩等。鞭炮爆炸瞬间应张嘴，同时用手捂住耳朵，以最大限度阻止噪声对耳膜的震动。

3.如果被爆竹炸伤，要立即自救。

爆竹引燃后有较大的热量和冲击力，容易被炸伤的部位是手部、脸部和眼睛。被爆竹炸伤以后，必须采取积极的自救措施。若伤势较轻，先用清水清洗伤处，用冰块冷敷等处理方法减轻伤处肿胀，防止伤情加重。

4.如果被炸部位出血量大，要用指压、加压法先止血。

鞭炮若炸伤手部，伤口不大，出血量较小，要先清洗伤口，把浅表的异物取出来，用纱布包扎后，手举过心脏位置观察一段时间即可。如果手部炸伤面积较大，血流不止，应迅速用手按住或用布条扎住出血部位的上方，用干净纱布或棉织品压住伤口并且包扎，同时安静平卧，让家人送到附近医院救治。

5.如果头部或面部被炸伤，先止血再去医院救治。

去医院之前先用干净的纱布或棉布用力压住伤口止血。如果皮肤表面形成水疱，不要将其碰破，更不要挑破。切勿在伤口处涂抹药水、药膏，以免加深感染，影响医生观察伤口、判断病情，增加清创难度，也给自己带来更多痛苦。

6.如果眼睛受伤，不要胡乱揉擦、冲洗。

鞭炮中含有许多刺激性的化学成分，伤到眼睛时，若用水冲洗则易产生伤害造成灼伤。尽量不要转动眼球，以免异物擦伤角膜、眼球或陷进眼组织内。要用干净的纸巾或纱布把眼睛遮住，尽快到医院就医。

应急小贴士

小朋友，放鞭炮时若发生意外，要抢先自救。身上衣物若被引燃，要迅速脱掉着火的衣服，或就地打滚使火熄灭。若鞭炮炸到皮肤，用自来水冲洗。炸出血时，记得要先止血并向大人求助。被炸得严重时，要及时到医院就诊。

18 被狗咬伤怎么办

!!! 情景再现 !!!

典典7岁时，妈妈送给她一条白色的小宠物狗当生日礼物。典典特别喜欢，给它起名小乖乖，经常抱着、搂着她的小狗一起玩，给它喂食，和它说话，还与妈妈一起给小狗洗澡。小狗就是她的亲密小伙伴。

因为乖乖的存在，典典"爱狗及狗"，对其他的小狗也感觉很亲切。和妈妈一起遛狗的时候，她也会逗弄一番别人家的小狗。

典典从来没想过，小狗会咬人。她的乖乖只会用舌头舔她的手。可事实上，小狗真的会咬人。

典典在公园玩时，看到一只小白狗，和她的乖乖长得很像，便逗弄起来，不小心扯到了小狗的一

61

撮毛。那只小狗朝他大叫，典典调皮地与它对叫，还跺脚吓唬那只小狗。

那只小狗身子后倾，发出低吼声。典典见它怒了，捡起一枚石子作势要打它。那小狗却猛地蹿过来，一口咬在典典的小胖腿上。

典典疼得大哭，家人赶紧跑过来。小狗被打跑了，典典的腿被咬出了一个小口，出了血。经过处理后，典典被注射了狂犬疫苗。

安全叮咛

1. 和狗狗玩耍时，要注意自身安全。

小朋友若与小狗玩耍，要选择经常洗澡、干净的小狗，不要接触流浪狗，以免被感染寄生虫，如被咬伤甚至有染上狂犬病的危险。和狗狗接触时，要注意狗狗的表现，如果狗狗发出警告的叫声或做出攻击姿势，必须立即停下来，慢慢离开。避免把狗狗激怒，造成伤害。

2. 和陌生狗狗保持距离。

遇到陌生的狗狗，不管狗狗的体形大小，不要放松警惕，尽量远离，这样可以避免遭到攻击。碰到狗狗时切勿慌忙逃跑，这样狗狗会穷追不舍。

3. 晚上不要用亮光照狗狗的眼睛。

夜晚如果用强光照射狗狗的眼睛，会激起狗狗的攻击性。

4. 被狗咬伤后，不要自己进行简单的包扎处理，易得狂犬病。

被狗咬后应尽快清洗伤口，用肥皂水和干净冷水反复洗刷，要刷洗20分钟以上。在清洗伤口的过程中，用双手挤压伤口的四周，将被感染的血液完全挤压出来，如果自己不方便挤压，可以让身边的人帮助清理伤口，不要让伤口上面残留着病菌。清洗干净伤口后，要尽快去医院处置并注射狂犬疫苗。

5.被狗咬伤严重，要在止血后立即去医院。

如果被狗咬得特别严重，伤处较多或较深，且流血不止时，那么一定要先清洗伤口，用干净纱布或毛巾勒住伤口止血，然后立即去医院治疗。

应急小贴士

被狗咬伤后立即用肥皂水反复清洗伤口，同时挤压伤口周围，把感染的血液完全挤压出来，记住清洗处理伤口越早越好，不能忽视这个过程。清洗完伤口要及时去医院治疗，24小时内注射狂犬疫苗。

9 吞食异物怎么办

!!! 情景再现 !!!

小文是哥哥，今年9岁，小青是弟弟，今年7岁。兄弟俩虽然相差两岁，但哥哥长得慢，只比弟弟高了五六厘米。兄弟俩友爱起来，也能做到，互相礼让。只是这样的时刻太少了，更多的时候是两人争争抢抢，抢急眼了，也会你给我一拳、我给你一掌，但不一会儿便又和好如初。爸爸妈妈对小哥俩这种时而亲亲爱爱、时而打打闹闹的相处模式已经习以为常，偶尔听到谁哭了都不用过问，知道用不了几分钟就会好。这天，小哥俩如往常一样在屋里抢东西时，妈妈一如既往没有在意，直到小文过来告诉妈妈，小青吃了玻璃弹珠。原来，小哥俩在屋子里玩时，翻找出一颗玻璃弹珠。小青先拿在手里把玩，小文看到了，一把抢过去。小青当然不肯，便过来和小文抢。抢夺中，玻璃弹珠掉在了地上。小青眼疾手快，抢在手里。小文扑过来抢，小青急得无处藏，顺手把玻璃弹珠放进了嘴里。小文要扒开他的嘴抢，小青张开嘴告诉哥哥："没了。"小文觉得事情不妙，这才告诉了妈妈。妈妈吓得赶紧带小青去医院检查。

安全叮咛

1.小朋友要知道，不是食物千万不要放进嘴里。

那些无法消化的东西进入体内，很可能引起呼吸困难，或者划伤肠胃。平时玩闹时，要注意不可以将细小的东西，比如棋子、玩具配件等放进口中。

2.误食异物后不要惊慌，先判断自己吞服的物品形状、大小，是否有毒。

如果吞服的是短小、不锋利的圆滑异物，例如小棋子、纽扣、硬币、弹珠之类的物品，都能随着胃肠蠕动排出体外。注意多吃一些韭菜、芹菜，加速异物排出。每次排便要认真检查，直到确认异物排出。如果中间出现腹痛、发烧、呕血或排黑色稀便，这是肠胃被异物损伤的征兆，必须去医院治疗。

3.若吞服的异物锋利或带钩、带尖，则必须立即去医院就诊。

如果吞服的是钉子、碎玻璃、枣核、别针之类比较尖锐或带有钩刺的东西，一定立刻去医院检查处置。吞服了太沉重的异物也要火速去医院。此时不要催吐或利用泻药加速排出的方法，以免异物钩住肠道，甚至造成肠穿孔。

4.吞服异物后造成身体不适，要立即就医。

如果吞服的异物造成身体部位疼痛，唾液增多，哽咽或进食就吐，甚至咳嗽、呼吸困难、窒息，必须立即到医院治疗。

5. 如果吞入的物体较大，要停止进食立即去医院。

假如吞下小勺、筷子、大骨碎片等异物，要停止进食，立即去医院处置。切勿让他人拍背或自己催吐，避免造成二次伤害。

6. 吞入的异物若有胶黏性，易堵塞呼吸道，要设法吐出异物。

如果吞服了类似果冻、固体胶等有胶黏性的东西，容易堵住食道和呼吸道。可用腹部冲击法，对准桌椅的钝角顶住自己的上腹部，对自己的腹部施压6到10次，用肺部气体将异物冲到口中吐出。

7. 吞入有毒物体，立即就医。

如果吞服的是戒指类金属、电池等有毒物体，必须尽快去医院取出。

应急小贴士

不小心吞食异物，不要慌，先判断异物的大小、性质，确定异物的位置。如果没有尖刺、没有进入肠胃，可采用腹部冲击法吐出，如果进入肠胃就去医院处置。

10 被鱼刺卡住怎么办

自救好办法，
扫一扫学到手！

!!! 情景再现 !!!

相熟的孩子妈妈们都经常用羡慕的眼光看着南南。因为6岁的南南自打出生以来，吃饭从来都不用愁。他不需要大人劝，更不用大人追着喂，从来都是自己大口大口地吃，还吃得很香。为此，南南小小年纪就凭着好好吃饭，成了被夸赞、学习的"别人家的孩子"。

南南爱吃鱼，妈妈经常会给他做各种鱼吃。鱼类营养丰富还不易发胖，是儿童应该多吃的美食。

这天，妈妈为南南红烧了一条大鲤鱼。南南看得口水直流，没等妈妈过来帮忙挑刺，便自己拿起筷子，忙不迭地吃起来。可没吃几口他却拼命咳嗽，咳得脸都红了。妈妈赶紧看了看，原来南南是被鱼刺卡住了喉咙。

妈妈找来馒头让他吞食，不起作用后，又拿来醋让他喝。可鱼刺还是顽强地卡在那里。妈妈没有办法了，只好送他去医院的五官科，由医生出手才将鱼刺取了出来。南南吓得很长时间都不敢吃鱼了。

安全叮咛

1.小朋友，鱼刺非常多，吃鱼时一定要专心致志，不可说笑。

吃鱼时要细嚼慢咽，将鱼刺吐出来，避免被扎。吃鱼时若说笑，很可能将鱼刺吞进去卡住喉咙。此时也不要转动脖子，避免食道扭曲，卡住原本可能直接咽下去的鱼刺。

2.感觉被鱼刺卡到时，要先确认位置。

如果感觉有鱼刺卡到喉咙，要保持镇静，轻咳几下或咽几口清水，确认是否有刺卡住。吃鱼过快时，鱼刺可能擦伤黏膜，造成一种鱼刺卡喉的假象。如果轻咳或喝清水时，感觉咽部有一个位置疼痛剧烈，可以确定是鱼刺卡住了喉咙。如果喝水顺利，轻咳也无刺痛感，则可能是黏膜被鱼刺擦伤了。

3.鱼刺卡喉后，不要再继续进食。

强行吞咽食物会让鱼刺扎入较深的部位，或卡在食道内，造成更严重的后果。吞咽馒头这样的方法可能会将小鱼刺带下去，但鱼刺若比较大，则会促使其扎得更深。喝醋并不会软化鱼刺，反而会让伤处感染，这样的土方法都不可行。

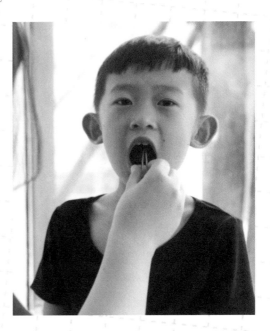

4.仔细观察，取出鱼刺。

请人用汤匙或筷子压住舌头的前半部，在亮光下仔细查看口咽部、扁桃体及咽后壁，如果找到鱼刺，用镊子或筷子轻轻夹出。如果没找到鱼刺，则应去医院找医生帮忙。

二 家庭常见意外防范及处置

5.若鱼刺一时不易发现，可在一两天后再到医院检查。

鱼刺卡住以后，如果医生也没有找到其所在位置，而且一两天内刺痛感仍很明显，就应该再去医院检查。鱼刺有可能埋入黏膜内，因为机体的排异反应和咽部运动，鱼刺会被推出或变位，此时才会被发现。如果确实没有鱼刺存在，刺痛感会在一两天内消失。

应急小贴士

被鱼刺卡住以后，不要不停地吞咽和喝水，那样容易引起鱼刺移位，造成二次伤害。应用小勺或筷子压住舌头前部，拿镜子到光亮处检查咽部，并同时发出"啊"音。如果看见有鱼刺，可用稍长的镊子或筷子钳住，轻轻拔出来。如果没看见鱼刺，并且刺痛感明显，要简单漱口，立即去医院治疗。切勿大口吞咽食物或采用民间土办法，避免伤害加深。

11 误食药物或洗发水怎么办

自救好办法，扫一扫学到手！

!!! 情景再现 !!!

依依是个9岁的女孩子，平时乖巧懂事，能帮妈妈照顾3岁的妹妹，是妈妈的得力小助手。

妈妈要出去购物或者办事时，往往会让依依在家带一会儿妹妹。依依每次都能将妹妹照顾得很好。

今天，当妈妈再次让依依在家看妹妹时，依依愉快地答应了。可是这一次，妹妹很快闹起来，怎么也哄不好。依依给她找玩具、扮鬼脸，妹妹都不给面子，就是闹着要妈妈。

依依被闹得没办法，就想找些东西给妹妹吃，转移一下她的注意力。她找了些糕点、水果，妹妹都不吃。依依一眼看到维生素片，自己吃起来，也拿了一片给妹妹。妹妹又要去了维生素瓶子，才不闹了。

依依放心地去看书，可再看妹妹时，却发现原本将近一瓶的维生素片只剩半瓶，那些都让妹妹给吃了！

妈妈回来了，依依把这件事当笑话讲给妈妈听。妈妈吓坏了，立即抱着妹妹去医院检查。

安全叮咛

1.小朋友要注意，误食药物或洗发水等水剂药物、化学制剂可能中毒。

是药三分毒，各种药品即便被糖衣包裹着也不能乱吃。家里的洗发水、洗衣液等更不能当成饮料来喝。

2.刚刚误食药物或洗发水，要立即催吐。

发现刚刚误服了药物或喝到了洗发水等用品，要用小勺或筷子、手指压迫舌根部，刺激咽喉引起呕吐，尽量吐出药物或洗发水。

3.误服无毒药品，必须催吐、多喝白开水。

若误服的是一般性无毒副作用的药物（普通中成药或维生素之类药物、止咳糖浆），且剂量不大，可在家里采用催吐法。多喝清水反复催吐，几次之后，再多喝凉开水，使药物得到稀释，加速从尿中排除。

4.误服有副作用的药品，要催吐、洗胃，到医院检查。

如果误服的是有副作用的药品（避孕药、退热阵痛药、抗生素类、安眠药、癫痫药、精神病药以及治疗心率失常药物等），就会产生毒副作用。出现腹痛、恶心头晕、心跳加快等症状，要立即刺激舌根部催吐，再喝大量茶水或肥皂水反复呕吐洗胃，去医院检查，切忌耽误时间。

5.误服腐蚀性较强的物品，必须急救，应立刻去医院。

发现误服强碱性物品，要立即服用

食醋、柠檬汁、橘汁等；若误服强酸性物品，应喝下肥皂水、牛奶、生蛋清等，保护胃黏膜，尽量减少药物毒性。

6.误服化学消毒剂，立即喝牛奶、蛋清等。

误服碘酊、碘酒、消毒液等腐蚀性强的化学消毒剂，应立即喝牛奶或鸡蛋清等，保护口腔、食道、胃黏膜，并就近求医。

7.误服汽油、煤油，喝下牛奶、植物油保护胃黏膜。

误服汽油、煤油类的物品，不要催吐，避免窒息。可以喝下牛奶或植物油来保护胃黏膜，尽快到医院救治。

8.误服农药，查看有无解救方法。

农药瓶上可能有解救方法，若误服可先对照解救，再到医院求助。特别提醒：百草枯有剧毒，如喝下会无法解救，一定不要吞服。

应急小贴士

如果发现自己误服了一般药物或化学制剂，要保持冷静，刺激咽喉，引起呕吐。若感觉没有什么不良反应，吐后可以再喝一些牛奶。如果吐后还有恶心、头晕、心慌等症状，应立即就近去医院治疗。如果误服腐蚀性的药物，则要采取相应的急救措施后再到医院，进行酸碱中和。喝一些牛奶保护食道和肠胃。去医院的时候，带上装有误服药品的小瓶子，方便医生诊治。

12 煤气中毒怎么办

喜欢美食是热爱生活的一大表现。小昕的爸爸对美食颇有研究，每当电视里播出制作美食的节目，他都要看。

小昕跟着看时间长了，也对做饭、做菜兴趣颇浓，跟着爸爸学会了煮方便面、做大米饭、包饺子，还会炒鸡蛋。这对一个刚满10岁的小姑娘来说，已经很难得了。

电视里播出制作一种菌汤的方法时，小昕说她学会了，让爸爸带她去买了蘑菇回来，她要亲自上灶，还把爸爸推到了屋里去。

别说，小昕还真有两下子，学得有模有样，没多一会儿就把汤做好了，让爸爸品尝。

小昕爸爸尝了几口，便看起了电视，说等妈妈回来一起吃。

过了大约20分钟，小昕的妈妈才回来，一开门就说屋子好像有怪味儿。小昕说她也闻到不好闻的味道，有些头晕。

小昕妈妈很迷惑地走进厨房，见燃气灶的开关打着，很重的液化气味飘了出来。原来是小昕做汤时，火苗被溢出来的汤给浇灭了，所以她也忘了燃气灶的开关没有关，于是，液化气泄漏了出来。

小昕妈赶紧打开门窗通风，小昕和爸爸在窗口休息了好大一会儿才缓过来。

安全叮咛

1.小朋友在家里如果闻到臭鸡蛋味，要杜绝所有火种，严禁开、关电器。

家庭煤气中毒主要指一氧化碳中毒，其中液化气和天然气具有强烈的易燃、易爆特性。一旦泄漏，必须禁止明火和电火花。闻到家里有异味儿，要关掉燃气的总闸门，迅速打开门窗通风，离开现场。

二、家庭常见意外防范及处置

2.冬季用煤炉取暖，若煤气管道不畅通、室内通风不良，易引起一氧化碳中毒。

冬季家里用煤炉取暖，要经常检查烟道是否通畅，保持室内通风良好。如果感觉头痛眩晕、心悸、恶心、呕吐、四肢无力，应立即开窗通风，并且开门呼救。如果全身无力，站不起来，就在地上爬行，迅速离开中毒现场，并同时呼救。

3.日常生活中，要保持家里良好的室内外通风。

从外边回到家中，若感到有燃气味，应该迅速打开门窗，切勿点火或打开电器。不要自己维修燃气具和管道，必须请专业人员进行维修。

4.用煤炉取暖，要经常检查炉子和煤烟管道的封闭状态。

一氧化碳和空气的密度相差不大，如果泄漏会很快与空气混在一起，中毒不易察觉，夜晚睡觉前必须检查炉子和烟道的封闭情况。晚上是煤气中毒的高发期。

5.煤气中毒，要立即自救。

发现自己煤气中毒，在离开现场后，如果头脑清醒，要解开衣服、皮带等保持呼吸顺畅。如果情况轻微，喝一些醋或凉的东西后去医院检查；中毒时间较长、情况比较严重，如还有意识必须立即拨打120急救。

应急小贴士

小朋友，一旦发现自己煤气中毒，立即打开所有门窗，迅速脱离中毒环境，在室外呼吸新鲜空气后，再到屋里把其他中毒的人转移到室外。救人的时候不要在室内停留太长时间，应去室外呼救和拨打120急救。

三

学校常见
意外防范及处置

如何避免楼道拥挤踩踏

下课铃声对于学生们来说，就是最美妙的音乐。5年级的小刚同学尤其喜欢这声铃响，他能到学校操场上疯跑10分钟。这是他每天最盼望的时刻，因此，每当下课铃响，他都会快速向楼下跑去。

小刚追求速度，楼道里的同学却不一定照顾他的心情。有时，他遇到前方走得慢的同学就会毫不客气地推一把。胆子小的同学遇到他，会默默地躲开。胆子大、不服气的同学就要和他吵上几句，严重的时候还会动起手来。

隔壁班的强强长得高高大大，平时走起路来慢慢悠悠。小刚在下楼时遇到了强强。他本来想从侧面绕过去，可是下课时间，下楼的同学特别多，小刚怎么绕也绕不过去。他急了，推了强强一把就想挤过去。

强强本能地用胳膊挡了一下，恰好打在小刚的下巴上。小刚疼得回手给了强强一巴掌。两人便打起来，摔倒在楼梯上，还把旁边的几个同学给撞倒了。

一时间，楼道里一片混乱，直到几个老师跑过来制止了他们。

安全叮咛

1.在学校放学、举办大型集体活动、去食堂就餐、做操、上下课进出教室时，必须排队，靠右侧通行。

学校学生众多，上下课、去食堂、举办大型活动、放学时，都是学生在楼道里特别密集的时候。若大家都不遵守纪律，很容易发生拥挤踩踏事件，尤其在楼梯一二层的拐弯处，是这类事故的高发场所。

2.在公共楼道、楼梯上要文明通行。

上下楼梯、在楼道里行走，要遵守秩序，相互礼让。不在走廊或楼梯上打闹、拥

挤、起哄，不制造紧张或恐慌气氛。人多时必须排队行走，不要着急。此时不要系鞋带，也不要捡拾物品，这样容易被挤倒遭到踩踏。如果发现推搡、拥挤、起哄等不文明行为，要敢于劝阻和制止。

3.避开搞恶作剧、打闹的群体。

在楼道里遇到爱打闹的人向自己跑来时，要立即躲到一旁，或绕开他们，但不要奔跑，避免摔倒。要控制情绪，不和他们起冲突。

4.身陷拥挤的人群中时，要抓住楼梯扶手，等他们走后再离开。

如果身不由己陷入拥挤的人群，不要慌乱，要及时抓住身边坚固、牢靠的物体，比如楼梯扶手，等他们经过后再走。也可以顺着人群走到拐弯或岔路的地方迅速脱离拥挤的人流。切记远离玻璃窗，以免因玻璃破碎而被扎伤。

5.拥挤的人群中若有人摔倒，要停下呼救。

和拥挤的人群一同前行，即便鞋被踩掉也不要低头寻找。若在楼道中发现前方有人摔倒，应立即停下脚步大声呼救，阻止后面人靠近。

6.学生集体活动时，必须听从指挥。

学校举办大型集体活动时，要时刻保持注意力集中。万一出现楼道人员拥挤情形，要保持情绪稳定，听从安保人员指挥。

应急小贴士

人员拥挤时，不要"逆流而上"，而应该和大多数人的行进方向保持一致。没有安全距离时，要双手握拳、双肘撑开平放在胸前，保护胸腔不受挤迫，保持顺畅呼吸，寻找机会从侧边离开。万一摔倒，争取立即爬起来；起不来时要侧躺在地，两手十指交叉相扣，护住后脑和颈部；两肘向前，护住头部；双膝尽量前屈，护住胸腔和腹腔，保证重要器官不受伤。

儿童安全自救全书·日常生活安全

⑫食物中毒怎么办

自救好办法，
扫一扫学到手！

!!! 情景再现 !!!

"再不走，上学要迟到了。"在奶奶的督促下，小军匆忙背上书包，抓起一瓶饮料就走。这样的戏码经常在小军家中上演。

小军的父母上早班，全靠奶奶照料他。对于他不洗手、抓起东西就吃，不管凉热、不管是否卫生的坏习惯，小军的奶奶深感头疼。尽管她整天唠叨，小军却依然我行我素，丝毫没有改变的迹象。奶奶气得直嚷："等你吃坏肚子就知道改了。"好话不灵坏话灵，奶奶很快就接到了老师的电话："小军食物中毒了。"

小军的奶奶赶到学校，只见小军脸色苍白，正躺在学校医务室的床上。看到奶奶来了，他还笑了一下。

奶奶忙问是怎么中毒的，学校里还有其他人中毒了吗？老师告诉他，学校食堂的伙食没问题，中毒的只有小军一个人。问题出在他带来的那瓶饮料上。那瓶饮料都已经过期了，小军还给喝了个精光。是同学发现他状态不对，找来校医，才让他得到了及时救治。

安全叮咛

1.日常生活中，要养成良好的卫生习惯，避免将病菌带入口中。

要养成良好的个人卫生习惯，做到饭前便后洗手、保持餐具清洁卫生、勤剪指甲、不吃霉变的食物、不喝生水，这样可以减少将病毒带入口中的机会，避免中毒。

2.食物要彻底清洗干净再吃。

瓜果蔬菜在生长过程中会沾染病菌、寄生虫卵、残留的农药、杀虫剂等有害物质。如果清洗不干净，不仅有可能染上疾病，还有可能引起农药中毒。

3.选择新鲜和安全的食品。

购买水果、蔬菜时，要挑选新鲜的；买熟食和小食品，要查看生产日期、保质期、厂址、生产许可证等标识。不可购买过期、没有商品详细信息的食品，也不要去没有卫生许可证的小摊贩处购买食品。

4.学习食品卫生知识，提高防护意识，预防中毒。

日常生活中要学会保护自己，不能乱吃东西。有毒、有害物质，包括有毒的河豚、贝类和其他鱼类以及野生蘑菇、不熟的豆角、发芽的土豆等；此外，没有煮到熟透的豆浆、芸豆角、木薯、鲜黄花菜等，一概不能食用。

5.经常进行体育锻炼，提高身体免疫能力。

经常锻炼身体，增强自身体质，会对外界的病毒具有很强的免疫力，减少中毒机会。

6.一旦中毒，要采取相应措施进行急救。

出现上吐下泄、腹痛等食物中毒症状时，不要惊慌，要找出发病原因，对症急救。如果在吃下食物一两个小时内中毒，可用催吐法。如果超过两个小时，则可服泻药进行导泻。如果因为吃了变质鱼虾类食物而中毒，则可喝下食醋水300毫升（食醋与水按1：2稀释）进行解毒。如果误食变质的饮料等，可喝下牛奶解毒，再去医院诊治。

应急小贴士

出现食物中毒的现象时，小朋友们不要惊慌。如果正在进食中，要立即停止进食，用手指压迫咽部进行催吐，尽快把有毒物质排出体外，并且就近去医院治疗。

三 学校常见意外防范及处置

⑬ 因室内灯具坠落受伤 怎么办

冬天，北方的孩子最大的乐趣就是玩雪。到室外玩打雪仗，又跑又笑又跳又叫，别提有多欢快了。尤其是在学校，和小伙伴们打雪仗，那真是太快乐了。

下课的时候，同学们都往操场上跑。尽管两只手被冻得通红，也要团几个雪团打雪仗。如果上课铃响了，玩得不够过瘾，还要抓紧时间，团几个雪团带到教室里去。

这样的事情经常发生，不仅男生要带雪团，有时女生也要带。下课时间太短，玩得不尽兴，同学们的热情没办法充分释放。

即便进入了教室，有的同学也不能立即收敛，而是继续处于玩闹状态。于是，上课铃响了，雪团也会在教室里不停地飞来飞去。你打我一雪团，我必然要还回去。有时教室里就变成了打雪仗的第二战场。

一个男同学的雪团飞过来，正巧打到一盏灯上。那盏灯晃了几下，引起了几个同学的议论，却没有人真正在意。

雪团继续飞舞，陆续又有几个雪团打到了那盏灯上。

终于，灯管被打碎了！随着"哗啦啦"的声音，半截灯管掉了下来，摔得粉碎，一些碎玻璃则落到了旁边几个女生的身上。有一个女生的手背扎进了玻璃片，出血了。还有一片碎玻璃掉在了一个男生的额头，也划出了血痕……

安全叮咛

1.小朋友平时不要触碰灯具，更不要摇晃灯具。

灯具连接电线，不能轻易触碰，以免电线漏电被电伤，也不要摇晃灯具，避免灯具不够稳固，意外坠落。

2.不要以灯具为目标，投掷石子等物体。

在教室、走廊等处，不要以投掷石子、打击灯具为玩乐方式，以免将灯具打落，伤到自己或他人。

3.在室内活动，尽量避开灯具。

在拿放较高的物品时，要注意避开灯具所在的位置，不要碰掉灯具。

4.强化安全意识，看到灯具安装不稳要及时告诉老师。

平时注意观察，看到灯具有松动、风吹即晃等情况，要及时告诉老师，请专业人士前来维修。

5.若被意外坠落的灯具砸伤，要先检查是否受伤。

若被掉下来的灯具砸到，先不要乱动，而要看是否受伤，是否被灯具上的碎玻璃扎到，再慢慢起身。

6.要先断电再抢救。

如果被灯具砸伤，要赶紧呼救，请人帮忙切断电源，以免被电伤。若被玻璃等尖锐物体伤到，不要自行拔出，要到医院求助。

7.发生地震等灾害时，要避开灯具的位置。

若有地震、火灾等事故发生，向外逃生时，小朋友要注意避开灯具下面的位置，避免在灯具坠落时被砸伤。

应急小贴士

若被意外坠落的灯具伤到，要请人帮忙切断电源，检查受伤情况。若玻璃碎片扎入体内，不要自行拔出，而要到医院由医生帮忙取出。若被砸出血，要先止血，并立即求医。

!4 陌生人来接自己或来访怎么办

!!! 情景再现 !!!

在学校吃过午饭后，小瑜刚要到操场上和同学一起玩，就见有一名同学跑过来对他说："小瑜，门卫室那里有人找你。"

小瑜来到门卫室，看到来人并不认识。她转身刚要走，那人却说："小瑜，我是你爸爸的同事。你爸爸刚才被车撞了，伤得挺严重的，让我到学校来接你。你快跟我去看看吧！"

小瑜一听就慌了，连连答应，说要回教室取书包。那人却说："不用取，快走吧，要不该来不及了。"

小瑜心里很为爸爸着急，就要跟着那人走。门卫师傅却说："你不能随便出校门，要跟老师请假。"

那陌生人没办法，只好等小瑜回教室去请假。老师问："你认识那个人吗？"小瑜说不认识。老师让她等一下，便给她爸爸打了电话。小瑜的爸爸在电话里说，他好得很，根本没有出车祸，让小瑜千万别上当。老师立即报警，那人刚要逃时，被民警抓获了。经调查，他是一名人贩子。

安全叮咛

1.小朋友要加强防骗意识，遇到陌生人到校来接或来访，要立即报告门卫或老师。

必须强化自身的安全意识，不要轻信他人。如果家长有事不能来学校接自己，会事先说明或通知老师。遇到陌生人到校来接或者看望自己，一定要提高警惕，立即报告老师或者门卫。

2.陌生人来接时，小朋友一定不能跟他走。

放学时，任课教师会把学生整队带到校门口，由家长接走。一般都是由父母、（外）祖父母、姐、哥等熟悉的亲人来接。如果遇到陌生人来接，即便对方熟知自己的名字、班级、家庭成员的情况，也不要跟他走，不给不法分子以可乘之机。

3.陌生人来接时，要向老师汇报，请老师帮忙联系家人。

只有陌生人，而没有等到熟悉的家人来接自己时，要返回学校，告诉老师，由老师帮忙和家人沟通、联系。

三　学校常见意外防范及处置

4.陌生人来接来访，不能接受他们送的任何礼物。

不管是吃的，还是玩的、用的，凡是陌生人给的东西，一律不能接受，尤其是食物。

5.与陌生人保持安全距离，遇到危险立即逃跑和呼救。

如果陌生人靠近自己，超过了安全距离，要立即向校内逃跑并及时呼救。

6.遇到陌生人来接来访，即便说亲人受伤，也不能跟他走，而要核实。

如果陌生人告诉自己，爸爸或者妈妈受伤了，让他来接时，也要请老师或学校门卫帮忙核实再做决定。

7.遇到雨天，不要上陌生人的车。

在雨雪天，如遇到"好心人"邀请你搭便车，不能随便上车，这很可能是"陷阱"必须时刻提醒自己要注意安全。

8.陌生人需要帮忙时，热心的小朋友也不要随便出手。

遇到陌生人来访时说需要帮忙，可以告诉他找警察或大人帮他。不能随意跟着陌生人离开，哪怕是为了帮忙。

9.被坏人劫持时，要表面顺从，再随机应变。

可以假装等父母来接，拖延对方时间，制造机会离开，再呼救寻求帮助。也可以大声哭闹，赖在地上不走，引起周围人注意，告诉围观的人自己遇到坏人了。如果坏人抢劫财物，保护自己人身安全是首要条件，最好舍财保命。

应急小贴士

如果遇到陌生人来接来访，必须提高警惕，无论对方用什么理由让自己跟他走，都不要跟他走，而要立即告诉老师。如果老师不在附近，对方继续纠缠，要立即呼救寻求路人帮助。

被校外人员 ⑤ 敲诈、勒索怎么办

学校门口有许多小商店，售卖文具、零食、各种新奇的小玩具等，是同学们放学后最喜欢去的地方。

小安的爸爸妈妈经常给他零花钱，让他想买什么就买什么。每到放学后，小安都会跑到学校门口的小卖店里去买东西，买吃的或者玩的。遇到别的同学，他还会多停留一段时间，和他们一起找好玩的游戏。

"稀奇古怪"是一家以卖各种小游戏装备为主的小商店，还为孩子们提供了几台小游戏机供他们玩乐。这里经常聚集一群喜欢游戏、不爱学习的孩子，还有不上学或者经常逃学的"小混混"。他们一到放学时间就到店里，吃喝玩乐，寻找目标。

小安慢慢被吸引到了"稀奇古怪"这家店，也被那些校外的"小混混"给盯上了。

"借点钱呗。"小安被几个"小混混"围在中间时吓坏了，乖乖地把口袋里剩下的两块钱交了出来。

"太少了。明天多带些。"他们给小安留下这样一句话就走了。

小安第二天带了10块钱，自己只花了3块钱，剩下的就被"小混混"们"借"走了。

接下来的一段日子，小安总是遇到"小混混"借钱。有一回他说没有，还被人给揍了好几拳。

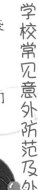

三　学校常见意外防范及处置

最近这段时间，小安放学回家就喊饿，晚饭还吃得特别多，引起了妈妈的注意，问他在学校饿了，怎么不买面包吃。他这才把零花钱都被"借"走的事说出来。

妈妈告诉他这是敲诈、勒索，坚决不能顺从，并立刻去学校与老师反映了这件事。

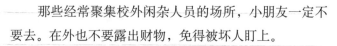

安全叮咛

1.平时要注意自己的言行，不要与校外的不良人员接触。

那些经常聚集校外闲杂人员的场所，小朋友一定不要去。在外也不要露出财物，免得被坏人盯上。

2.尽量避免单独到偏僻、昏暗的地方行走。

尤其是在夜晚，不要单独出门，不要在偏僻的地方逗留，以免引起校外不法人员的注意。

3.遇上敲诈、勒索时，要保持冷静，不与他们发生冲突。

若被校外人员盯上，向自己勒索财物，一定别害怕，也不要与他们争吵，可以跟他们好好说话，告诉他们自己没带钱。

4.寻找机会逃跑，或者向人求助。

如果对方一定要钱，可说回家去取，趁机逃脱，或者跑回学校，向老师求助，向遇到的熟人求助。实在不行，就向路人喊"救命"。

5.遇到敲诈、勒索后，要向老师、家长反映。

在时间允许的情况下，立即向老师、家长反映自己被敲诈、勒索的事情，依靠成年人的帮助来解决问题。

6.无法摆脱时，舍钱保命。

遇到态度比较恶劣、执意要钱的坏人时，就把钱给他，避免在肢体上发生冲突。同时要记住对方的长相、衣着、特征等，事后向警察报案。

应急小贴士

遇到校外人员敲诈、勒索时，要沉着应对，好好说话，可以说自己没钱，让对方允许自己回家取，再伺机逃跑。若无法应付，求救无门时，应该把财物交给对方，避免被伤害。还要记得对方的长相，事后再报案。

三 学校常见意外防范及处置

遇到有暴力倾向的老师怎么办 ⑥

!!! 情景再现 !!!

立立从小就是个活泼好动的淘小子，几乎没有一刻能闲着。看他精力实在旺盛，父母便送他去学跆拳道，希望他在练拳过程中能把体力消耗掉，平时能安稳些。

可事与愿违，立立在学校仍是精力过盛，上课时搞小动作、找同学说话不断，经常被老师批评。幸好立立还比较听话，基本一说就改，与老师、同学都能相安无事。

一次上写字课，老师让随便写什么都可以，认真写就行。立立听同桌说可以先把作业写完，他也赶起了作业，希望放学之后就能自由自在地玩儿了。偏

偏他旁边的同学趁老师不注意，捣起乱来，和同学打闹，很快教室便乱成一团。写字老师以为是立立犯的错，叫他站起来。立立理直气壮地说不是他，不应该批评他。写字老师见他不服管，也不分青红皂白，继续批评他，还出口辱骂了他。立立的火气也上来了，与老师对骂。老师上去就给了立立一拳。立立不甘示弱，回了一拳。同学们一看不妙，赶紧去请教导主任来处理。

事后，学校对写字老师进行了处分，也教育了立立。

安全叮咛

1.小朋友要养成注意力集中的好习惯，具有良好的规则意识。

一个老师要带几十个孩子，管理起来有一定难度。学生的注意力如果集中，能够听懂老师的话，配合老师指令，按老师要求去做，可以让老师少花费心思，从而与老师建立起良好的师生关系。

2.学会处理各种情况，懂得随机应变。

天性好动、活泼的孩子，犯各种各样的错误相对较多。犯了错若及时改正，并向老师承认错误，绝大多数情况下，都会取得老师的原谅，不会受到严厉的惩罚，更不会惹怒老师。如果多次犯同样的错误，还为自己找借口，不肯承认错误，激怒老师的可能性便会加大。如果小朋友情商高、懂得随机应变，见老师生气，知道改变态度，一般情况下，也会大事化小。

3.平时多帮老师做力所能及的事情，和老师保持良好的师生关系。

平时帮老师做些送作业本、教案、轻便的教具等这样的事情，会给老师留下好印象。

4.老师若使用语言暴力，不要和老师正面冲突。

老师在进行批评时，若用语言暴力（侮辱谩骂），要避免正面冲突，不要当面顶撞激怒老师，等事情过去后再找老师或家长沟通。

三 学校常见意外防范及处置

5.遇到使用暴力的老师，一定要保持安全距离。

如果因为和老师起了冲突，被老师伤害，一定要立即躲开，保护自身安全。还要注意收集证据，及时告诉家长，举报到学校，由他们处理。若情节严重，则要依法进行维权。

应急小贴士

如果遇到有暴力倾向的老师，无论老师采取的是语言暴力还是身体暴力，都要先保护自身安全。之后告诉家长和学校领导，维护自身权益。如果老师素质低下，可以投诉到教育监管部门。

7 遭遇校园性侵怎么办

!!! 情景再现 !!!

婷婷升入初中后，感觉最开心的是体育老师对她特别好。她说肚子疼，老师就让她在一边休息。她说球打不过去，老师就过来手把手地教她。

婷婷觉得自己太幸运了，遇到这么好的体育老师，等中考加试体育的时候，肯定没问题。对于别人说的体育老师有点"色迷迷"的评价，她从来没有放在心上。

体育老师经常找她帮忙拿球、拿器材，送到体育组去。婷婷每次都开心地去做。

这天又到体育课了，跑了一百米后，婷婷头上冒出了汗，体育老师看到后就抬手帮她擦掉了，然后还顺手摸了她的脸一下。婷婷一呆，脸跟着

红了，不知道该怎么应对。体育老师见此情景，把手搭在了她的肩上，顺势要把她拉到自己怀里。

婷婷的心"咚咚"直跳，完全不知所措。

正在此时，走廊里传来几个男生拿着体育器材走过来的声音。体育老师放开了婷婷，她趁机逃离了。

回家后，婷婷吞吞吐吐地把这件事告诉了妈妈。妈妈当即告诉她，老师这样做是不对的，这超出了老师关心学生的范围。她告诉婷婷对这种老师必须远离，不能和他单独相处，要对他的行动坚决说"不"。

婷婷这才知道问题的严重性，庆幸自己没有受到更大的伤害。

安全叮咛

1.小朋友必须有性别意识，懂得保护自己。

从3岁起，就要懂得保护身体的隐私部位，知道背心、裤衩遮盖的地方不能外露，更不能让别人随意触碰、观看。

2.管住嘴巴，拒绝零食诱惑。

有很多坏人，借口给小朋友好吃的东西，引诱小朋友上当。小朋友不贪图别人的美食，就是为自己增强了一分安全保险。

3.要有强烈的危险辨别能力。

对来自他人（包括老师和身边的其他人）的非正常触碰要提高警惕，除信得过的同性亲属外不允许别人亲吻、抚摸自己。

4.保护自己，不惧威胁。

若有人利用告诉家长你考试没考好或在学校闯了祸之类的短处威胁你，达到侵犯你的目的时，一定要坚决抵抗，不要屈服。

5.要积极自救或向他人求救。

感觉受到侵犯危险时，要找借口远离坏人。或者大声呼喊，引起别人注意，借机逃离。

三 学校常见意外防范及处置

6.和同学结伴进退，避免落单。

平时在学校时，多与同学在一起。即便是到教师办公室等处，也最好多人前去。不要一个人跟随异性老师到偏僻的地方去。

7.遭遇侵犯，必须抗拒。

对不合理、不合规、不合情的身体触碰，必须拒绝，并想办法逃离，避免受到伤害。

8.若被侵犯，一定要依法维权。

遭遇性侵之类不寻常的事情后，一定要告诉家长。由家长帮助，借助法律手段进行权利维护，并追究坏人的法律责任。

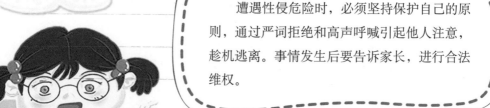

应急小贴士

遭遇性侵危险时，必须坚持保护自己的原则，通过严词拒绝和高声呼喊引起他人注意，趁机逃离。事情发生后要告诉家长，进行合法维权。

四

公共场所
常见意外防范及处理

乘坐自动扶梯出现危险怎么办

!!! 情景再现 !!!

　　彤彤今年7岁，活泼可爱，但有点小调皮。今天她特别高兴，因为她要和妈妈一起去逛商场啦！漂亮的商场里有好听的音乐，还有各种各样的美丽衣服，不过最吸引她注意力的，还是商场中央的自动扶梯。对彤彤来说，乘坐这架扶梯就好像在游乐场里玩耍一样，跟着扶梯上上下下，一趟一趟的，好玩极了。

　　妈妈一开始还照看着彤彤，陪着她一起不停上上下下，可扶梯旁边一间专柜开始了限时特卖活动，正好是妈妈喜欢的产品，妈妈忍不住过想过去看一眼，

于是让彤彤自己在电梯上玩耍，嘱咐她注意安全。

彤彤答应了妈妈，继续在扶梯上玩。她在扶梯上蹲下去、站起来，左看看、右看看，看到电梯和挡板边上有条缝隙，忽然好奇心发作，把自己的小手放到了缝隙里。

一瞬间，她的小手就被夹了进去，彤彤顿时放声大哭，身后一位大哥哥见状，跑上前及时按住了扶梯紧急按钮，让扶梯停了下来，但这时，彤彤的手已经受伤了。

安全叮咛

1.小朋友不要单独乘坐自动扶梯。

有些自动扶梯缺乏完善的修缮与保养，可能会发生断裂或倒转。因此，小朋友最好在家长的看护下乘坐自动扶梯，而家长最好让小朋友站在自己的身体前方，这样一旦出现意外，家长能够第一时间发现并做出反应。

2.乘坐扶梯要专心。

不要在乘坐自动扶梯时玩手机、平板电脑和其他电子设备。因为这样会导致注意力分散，尤其在上、下扶梯时非常容易发生危险。

3.乘坐自动扶梯时应该这样做：

（1）不要踩在黄色安全警示线上，也不能踩在两个梯级相连的地方。

（2）乘坐自动扶梯的姿势应该是面向前站立，而不要背对着前方，也不要蹲、坐、蹦跳，以免摔倒或跌落扶梯发生危险。

（3）乘坐时一定要让双脚站在中间，避免接触两边的夹角。有些小朋友在乘坐扶梯时感到无聊，喜欢将脚放在扶梯下方的挡板处，这可是个非常危险的行为。挡板和扶梯之间的夹角，很容易将人们的鞋子乃至脚夹住，从而将人们的肢体拖拽进去。

（4）在扶梯进出口处不要逗留玩耍，无论是进口还是出口。这不仅会妨碍他人乘坐电梯，而且一旦出现电梯踩踏事故，也可能被踩伤。

（5）好好保护自己的脑袋和四肢，不要伸出扶梯外。尤其是一些商场、超市可能出现较低的天花板，一旦不慎会遭受撞击。

（6）乘坐自动扶梯时不要争先恐后抢行，注意前后最好都保留一个空位，这样能留下一定的缓冲空间。

应急小贴士

如果在扶梯上出现了危急情况怎么办？在电梯进口处靠近地面的地方有一个红色按钮，这就是紧急制动按钮，万一发生危机情况，应该第一时间按下这个按钮，电梯就会停住。但如果没有紧急情况，就不能乱按。

⑫ 乘坐厢式电梯
出现危险怎么办

!!! 情景再现 !!!

小强家住在普通楼房的6楼。看别人家住高层、坐电梯上下楼，小强很羡慕。可是，换房子不是一件容易的事。

小强的妈妈总想弥补儿子的缺憾。刚好遇上放暑假，妈妈带小强外出旅游，妈妈在订酒店时，便选了一个28层的房间。这让小强兴奋不已。

虽说上下楼有电梯，可是等起电梯来也是一件麻烦事，尤其是在小强跟着爸爸妈妈出去玩了一整天，很想上厕所的情况下。

看着电梯缓缓上去，每一层都要停顿，小强等得越来越不耐烦了，他实在太想上厕所了。妈妈告诉他忍一会儿，等回到房间再上。

小强只好等待，这一等就是七八分钟，等得小强在电梯门口走个不停，又蹦又跳。

好不容易电梯来了，小强连忙钻进去。可是电梯上去的速度也没有多快，几乎每一层都会停，小强被憋得满脸通红。终于到第19层了，电梯里只剩下小强一家三口。小强忍不住了，对着电梯按键撒起尿来。

突然，电梯按键灯闪了几下熄灭了，电梯内的灯也灭了，电梯门还打不开了！原来，是小强的尿把电梯里的电路板给浇短路了。

幸好酒店工作人员看监控及时发现了电梯的异常情况，将他们给解救了出来，没有出现人员受伤情况。

安全叮咛

1.乘坐电梯，要讲究文明礼仪。

小朋友最好在家长的带领下乘坐电梯，要遵循先下后上的原则，礼让老人和行动不便人员。不要在电梯内玩耍、打闹，更不要乱按电梯按钮或做出其他不文明行为。因为电梯内的按钮若操作不当会出现危险，人员可能会被关在电梯厢内，如果得不到及时营救，容易引发意外事故。

2.等电梯时，要注意安全。

根据自己的需要按上楼或下楼键，不用两个键都按，这样不仅会增加电梯的工作量，也会减慢上下楼的速度。按键后，在距离电梯门半米左右的距离等待电梯

四 公共场所常见意外防范及处置

的到来。等电梯时，不要靠在电梯门上，也不要拍打或用脚踢门，因为一旦电梯门被打开而电梯还没到，容易造成摔入电梯井的危险后果。

3.电梯到来后，根据实际情况决定是否乘坐。

电梯门打开以后，若人多拥挤或发现有危险因素，可以乘坐下一趟或从步行梯上下楼。电梯超载很危险，遇到报警时，要主动退出。千万不要在电梯门快关上时冲进去，以免被夹到，发生意外。

4.乘坐电梯时遇到危险，要冷静处理。

进入电梯后，应离电梯门远一点，最好在扶手边上站好。电梯运行中出现突停、颠簸、剐蹭、异味、超速、缓慢等情况时，不要惊慌，可按红色的紧急按钮，等待维修人员前来救援。不要做出用力扒门、自行跳出等危险行为。

5.电梯出现故障，要积极自救。

在按下紧急按钮后，还要观察电梯故障出现情况。如果电梯下坠，要快速按下所有自己进入的楼层以下的按钮；如果是冲顶，则按向上的按钮，尽可能给电梯缓冲的机会。同时将整个后背和头紧贴电梯的内墙，屈膝、脚前掌着地，双手扣紧，护在脖子后部或抓牢扶手，这样做可以减缓冲击，护住自己的脊柱。

应急小贴士

电梯运行中出现故障，可按红色紧急按钮通知维修人员，安静等待救援。若电梯出现快速下坠或上冲的情况，及时按电梯楼层按键。紧贴电梯内墙，双手扣在脖子后面或抓牢扶手，保护好自己。

13 通过自动旋转门时
出现危险怎么办

　　阿星的妈妈在一栋大厦里任清洁员。阿星在学校放假的时候经常跑到这里来找妈妈，边玩边等她一起回家。

　　阿星一个人玩得寂寞了，便跑到大厦门口的自动旋转门那里转圈。一圈一圈，不停地转。阿星戏称，这是他的人力旋转木马。见儿子玩得欢心，阿星的妈妈也便安心了，就去忙自己的工作了。

　　阿星照例在玩旋转门时，想让旋转门快些跑，就用手去推，却怎么也没有推动。他想玩个新花样，趁门快要转到门柱那里时，快速冲进去。

　　开始几次，阿星都做到了在门合上的那一瞬间冲进门里，他得意起来。决定等出去时，也要和自动旋转门抢一下速度，看能不能快速地在门快要合上时冲出去。

四　公共场所常见意外防范及处置

在成功冲出去两次后，他感觉到了那种挑战的乐趣，趁着下午人少的时候玩得不亦乐乎。正得意间，他又从门里冲出来了，一只脚、头和身子都已跑出去，只剩另一只脚时，却被夹住了。刹那，疼得他冷汗直流，大叫了一声。

门还在旋转着，他的脚被挤得更厉害了。幸好门的另一侧有人通过，听到了阿星的尖叫声，紧急按下了红色按钮。

阿星的脚被救了出来，却已红肿一片，养了许多天才好。

安全叮咛

1.小朋友要通过自动旋转门时，必须由家长陪同。

旋转门有时因速度过快，或传感器判断失误而造成行人被夹的情况。小朋友要和家长一起，从左侧远离边缘处通过。最好由家长拉着手，掌控着通过速度，避免被夹。

2.进入旋转门时，要掌握好时机，不要抢入。

旋转门转到门柱附近时，切不可盲目快步抢入，那样会有被夹住的危险。要等旋转门刚转过来，时间充裕时再行进入。如果人很多，就等门再转过来时进入，避免因拥挤造成被夹的后果。

3.通过旋转门时，不能在里面玩耍或者依靠门体。

在自动旋转门里通过，不要用手、脚以及身体去触碰门体，或者在里面玩耍，以免被门扇夹住。要集中注意力，顺着旋转门，按着门转动的速度前行。

4.通过旋转门时，要避开感应探测盲区。

旋转门的感应装置有盲区，小朋友不要把手伸到固定门翼和旋转门翼的5厘米之内，以免被夹。

5.离开旋转门时，应等门扇打开够大时立刻出去。

当门扇打开，可以离开时，就要快速出去，不能等到门扇快要转过去的时候再着急出去。出去的速度若慢了就可能被夹住。

6.在旋转门中遇到危险，立刻按红色按钮。

自动旋转门上设有红色按钮，可让旋转门停止运行。遇到危险时，马上按动这一按钮，避免人被夹得更紧，并通知安保人员前来施救。

应急小贴士

通过旋转门时，遇到人多、门快要合上时，不要强行进入。要离开时，如果门合上得太快，不要抢着出去，以免被夹，可以跟着门转一圈，等门打开时再出去。如果被夹，要立刻按动红色按钮，并请人来救。

在游泳池溺水了怎么办

!!! 情景再现 !!!

自从和爸爸妈妈泡了一次温泉，在游泳池里戏了一次水后，小雨就对游泳一事念念不忘。爸爸妈妈满足了他的要求，带他去游泳馆办了卡，让他套着游泳圈先热热身，再跟着教练好好学。

小雨的爸妈还邀请朋友带着孩子一起去游泳。有了小伙伴的陪伴，小雨在游泳池里"泡"得更欢了。

他慢慢学会了套着游泳圈在游泳池里转身，还能向前游几步，觉得自己已经"会"游泳了，便和小伙伴在水里打闹起来，你泼我一身水，我再泼你一身水。互相追逐、闪躲，闹得不亦乐乎。

正打闹着，小雨在躲避过程中，由于身子后倾得厉害，直接翻进水里，游泳圈也跟着翻过来，使得小雨整个头部都浸入水中，两只脚则倒立在水面上。

四　公共场所常见意外防范及处置

小雨拼命挣扎，小伙伴却以为他在玩新花样，没有靠近。大人们以为他有游泳圈不会有问题，根本没注意这边发生的情况。

直到小雨在水中挣扎了快2分钟，一名在游泳池边巡视的救生员发现小雨这边出问题了，迅速跳进水池，将他救了起来。因为抢救及时，小雨没有性命危险，但也呛了水，吃了些苦头。

安全叮咛

1.小朋友在游泳时，身边必须有监护人和指定救生员。

小朋友必须在家长的陪同下游泳，不可以独自去游泳。在患病或刚进行剧烈运动后不能游泳，没做准备活动也不可以下水游泳。游泳时，必须要有熟悉水性的成人带领，选择环境好、安全性强的游泳池。切忌一人外出游泳，以免在不知水情的地方发生溺水伤亡事故。

2.游泳前，要先热身。

游泳下水前，要先做好准备工作，适当做些热身运动，在浅水区适应水温后，再到泳池游泳。

3.游泳时，不要逞能、打闹，以免呛水或溺水。

是否会游泳、技巧如何，自己最清楚。进入泳池后，不要逞能，随便跳水或潜水，也不要胡乱进入深水区游泳，避免溺水。游泳时，不要和小伙伴嬉笑打闹，以免呛水或溺水。

4.游泳过程中，如果感到不舒服，要立即上岸休息或呼救。

如果在游泳时小腿或脚部抽筋，就用力蹬腿或做跳跃动作，也可以用力按

摩、拉扯抽筋部位，同时呼救。游泳期间，若有眩晕、恶心、心慌、气短等感觉，应停止游泳，自己上岸休息，或者立即呼救。

5.一旦溺水，千万别扑腾。

落入泳池出现溺水现象时，不要惊慌。在等待救援时，需仰头憋气，放松身体，这样口鼻就会露出水面，要用嘴呼吸，吸气尽量要长，呼气尽可能短。此时双手不要举到水面上挣扎，这样会因减少浮力而下沉。也不要乱抓，会给救援人员增加负担。

应急小贴士

如果游泳时出现意外，不要惊慌失措，争取以仰卧姿势浮出水面，尽量放松身体，呼气要浅，吸气要深，呼叫救生员。切忌双手上举胡乱扑腾，这样会使自己身体快速下沉。

四　公共场所常见意外防范及处置

划船或乘船⑤
遇到危险怎么办

!!! 情景再现 !!!

周末，天气晴好。丁丁与几个小伙伴约好了一起去公园划船，由丁丁的爸爸陪同。

他们一路跑一路跳着到了游船边，还特意挑了一条造型可爱的小船，供他们几个人乘坐。

"都穿好救生衣哦。"丁丁的爸爸提醒。

丁丁笑着说："我不用穿。爸爸你忘了我会游泳的呀？掉进水里我也不怕。哈哈！"

坐到了船上，丁丁和另一个男孩拿起船桨划起来。几个人没多一会儿就在船上闹起来，嘻嘻哈哈，抢着要划船。

丁丁没有划够，说什么也不肯将手里的船桨交到别人手里。一个小伙伴起了好胜心，便动手去抢。丁丁连忙往旁边躲，那个小伙伴也跟着跑过来，旁边一个小伙伴也过来抢。场面格外混乱，小船的一侧倾斜了，其中一名男孩落入水中。

丁丁看见同伴落水，愣了一下，想都没想就跳入水中去营救。那个男孩不会游泳，于是慌乱地在水里抓住丁丁不放。丁丁游不动了，被拖进水中。

丁丁爸告诉孩子们别动，喊岸上人来帮忙。他也跳进水里，去救丁丁和那个男孩。

经过营救，丁丁和男孩都被救了上来。那个男孩喝了好多水，脸色惨白，许久都没缓过神来。丁丁也一阵后怕，明白了救人也得看自己是否有那份能力。

安全叮咛

1.乘船或者划船时，要有大人陪同，遵守安全规定。

小朋友在乘船时，必须有大人陪同，绝对不能几个孩子私下里结伴去划船。不能乘坐没有救生装备、没有经营证照、不符合安全规定的小船，也不要冒险乘坐人员超载的船只。患有心脏病、高血压、高度近视等疾病的人，不要参与划船等水上娱乐活动。

2.乘船或划船，要穿好救生衣、系好安全绳，有序上下船。

上船之前，就要听好工作人员的要求，穿好救生衣、系好安全绳，等船靠稳，工作人员放好跳板之后，再依次稳妥上船。乘船期间，不要四处乱走，不要碰船上的各种设备，尤其是各种机械，还有各种线缆等。禁止与驾驶员攀谈，以免分散驾驶员的注意力。

3.乘船或划船时，要做好安全准备。

船上有水，比较湿滑，乘船时最好穿防滑的鞋，增加安全保障。上船后，还要留心记住救生装备的存放地点和安全出口，仔细阅读疏散示意图。在大风大雨等恶劣天气里，不能乘坐渡船或其他小型船只。

4.乘船或划船时，不能打闹。

在船上必须坐好，抓牢扶手。不要独自坐在甲板边上，或者在小船（船舷）边洗手、洗脚，以免船身倾斜时意外落水。也不要在船上嬉戏、打闹，或者一起到小船的一侧逗留，以免船只失衡，出现危险。乘坐小船时，不要摇晃，以免小船掀翻或下沉。

5.遇到意外，要保持镇静。

整理好救生衣，听从船上工作人员指挥，撤到安全地带，不能轻易跳水。如果发现有人溺水或者财物落水，不要冒冒失失下水营救或打捞，要呼喊大人前来帮忙。如果自己落入水中，应保持头部浮出水面，大声呼救，并放松身体，争取浮在水面上，等待救援。

应急小贴士

在划船或乘船时必须穿好救生衣。遇到危险，要冷静判断，一旦发生沉船、撞船、火灾等事故，要服从乘务人员的指挥，安全撤离。也可以漂在水面上呼喊求救。

6 公共场所发生火灾怎么办

　　齐齐经常和同伴一起出去玩，一般不会超过家和学校之间的范围，他对这里环境都比较熟悉，感觉很安全。

　　可这天，回到家却对妈妈说，刚才太危险了，他差点回不到家了。

　　妈妈吓了一大跳，问他到底出了什么事，齐齐便讲述了自己的经历。

四　公共场所常见意外防范及处置

原来齐齐被小伙伴拉去了一个地下电动游乐室，里面有很多的电动游戏机，什么赛车、拳击之类的游戏都有。齐齐很开心，和同伴在那里玩了起来。玩得正开心，却听有人喊叫"着火了"。原来，不知是哪根电线老化，造成了失火。

游乐室里冒出浓烟，在里面玩的二三十个人一齐往外跑，跑到门口才想起来，进来时乘坐的是电梯，此时已经不能乘坐。他们又一起找别的出口。可是出口在哪里？齐齐和同伴都不知道，也惊慌地喊起了救命。一股烟却呛得他直咳嗽。

慌乱中，一个人提醒了他一句："别喊，弯下腰，捂上嘴！"他也想起在学校时曾做过火灾逃生演练，忙拉着同伴弯下腰，又找到了毛巾和饮料，用饮料浇湿了毛巾捂住口鼻，顺着墙向烟火少的地方走。

还好，没等他们找到出口，消防人员赶到，将他们引了出去，火也扑灭了。事后他们才知道这里没通过消防验收，根本没有营业资格。

安全叮咛

1.进入公共场所，必须记住安全出口及逃生路线。

公共场所发生火灾造成人员伤亡的主要原因是很多人的安全意识差，缺乏逃生常识。进入公共场所，必须了解周围环境，要记住安全出口、疏散通道、灭火器在哪里。

2.不要到有消防隐患的公共场所。

不要到那些出口少、通道狭窄、安全门上锁、安全出口堵塞等存在消防安全隐患的公共场所。

3.公共场所一旦发生火灾，要选择最近的安全出口逃生。

公共场所都有消防疏散通道，每个防火区还有不少于2个安全出口。如果发生火灾，要保持头脑清醒，迅速选择人少的安全出口逃离。尽量往楼下面跑，若通道被封堵，就选择

到阳台、天台等处等待救援。不要乘电梯、跳楼，或到角落躲避，这样很危险。

4.遇到火灾，不要喊叫，要听从广播指挥，顺利逃生。

如果公共场所发生火灾，听从广播统一指挥，可减少因为人多、路线不熟造成的拥堵现象。逃生时，不要大声呼喊，避免烟雾进入口腔。

5.逃生时，要采取防范措施。

在火灾现场，如条件允许，要用水弄湿毛巾、衣物等物品，捂住嘴和鼻孔，弯腰快速行走，减少烟气对人体的伤害。穿越烟火封锁区域时用冷水浇头和身体，或者用湿的毯子、棉被裹住身体。

6.找不到安全出口时，要积极自救。

如果找不到安全出口，要想办法逃生。身在高层建筑中，就找高层缓降器和救生绳，也可以利用窗帘等布料自制救生绳，从窗户逃离火灾楼层。如果被烟火围困，尽量站在阳台和窗口这样易被发现的地方，挥舞颜色鲜艳的衣物求救。

应急小贴士

在公共场所遇到火灾，必须保持冷静，用湿衣物、毛巾捂住口鼻，寻找最近的安全出口快速逃生。火势猛烈时利用身边一切可以用的物品自制逃生用具脱离险境。一旦被烟火围困时，就跑到远离烟火的阳台、窗口、天台等处发出有效的求助信号。切忌惊慌乱喊，也不要做出乘坐电梯、跳楼等危险行为。

四 公共场所常见意外防范及处置

!7 在游乐场遭遇意外 怎么办

!!! 情景再现 !!!

　　每到假期，孩子们都喜欢去游乐场。那里的各种娱乐设施色彩鲜艳、功能多样，玩起来能体会到速度的快感或者翻腾的乐趣。

　　8岁的薇薇也不例外，经常闹着妈妈带她去。她很小就开始乘坐小火车，已到游乐场去玩过无数次，仍然乐此不疲。

　　妈妈怕娱乐设施不安全，一直以来都只许薇薇选择碰碰车、旋转木马等缓慢且危险性小的项目。薇薇却对那些可以飞快转动的过山车、空中飞舞等项目特别向往。

经不住薇薇的软泡硬磨，薇薇妈终于同意女儿去坐旋转自行车了。薇薇乐得一跳一跳地走向自行车，披肩长发飘扬起来，特别有朝气和活力。

自行车旋转起来，速度越来越快。薇薇又喊又叫，兴奋得头直往后仰。意外却在此时发生了，薇薇的一撮头发被卷进了旋转杆里，直接从头皮上给扯了下来。

薇薇疼得大哭大叫。等旋转自行车停下来，薇薇被送去医院检查，好在头皮没有受更大的伤害。

安全叮咛

1. 小朋友到游乐场必须由家长陪同，按要求游玩。

需要乘坐一些比较惊险刺激的游乐设施时，必须和家长一同乘坐。对于限制身高、年龄的游乐项目，不要违规体验。

2. 要到有资质、重视设施安全性的游乐场所游玩。

乘坐游乐设施之前，可到控制室查看该设备有没有《安全检验合格证》，合格证是否还在有效期内。还要看游乐场工作人员操作是否规范、有没有安全保护措施、管理人员是否专业。在足够安全的前提下，游乐才会带来愉快的感受。

3. 乘坐游乐设施前，必须仔细阅读"乘客须知"，看清"警示标志"，听从工作人员指挥。

按"乘客须知"要求，在条件允许的情况下，做好安全防范措施再乘坐游乐设施。乘坐旋转、翻滚类游乐设施时，注意保管好易掉落物品，如眼镜、相机、提包、钥匙、手机、拖鞋等物品，避免掉落引起设备异常而停机。

4. 体质较差的孩子不宜乘坐刺激性过强的游乐项目。

患有心脏病及恐高症的小朋友，不要尝试云霄飞车、过山车、海盗船、摩天轮等高空、快速游戏。因为这些娱乐设施旋转或翻滚的速度太快，且在高空运转，刺激性太大，容易引起某些病症发作。

5. 感觉身体不舒服时，要向工作人员示意。

乘坐旋转类的游乐设施时，如果感觉身体不舒服，可以立刻用手势和表情向

工作人员示意，让工作人员及时停止设施、中止游玩，再根据自身情况进行合理的休息或治疗。

6.遇到游乐设施临时停机等故障，不要惊慌，等待救援。

游乐设施由两条电源线双向送电，如果其中一条电源或者线路出现问题，几秒钟后另一条线路将主动合闸送电。许多观览车和空中摇滚等项目都配有单独的发电机，若临时停机也会很快开机。如果出现意外，必须服从工作人员安排，由他们引导到安全的地方。

应急小贴士

小朋友要体验游乐设施，必须由家长陪同。如果在游乐场遭遇意外，不要慌乱，服从工作人员指挥，等待工作人员前来救援。切忌自行解开安全带或安全压杆。

在商场或集贸市场 ⑧
遇到危险怎么办

这天，妈妈说要带强强去趟商场。"要去商场啦！"强强可开心了，跳跃着和妈妈出了门，到了商场，各种商品琳琅满目，看得强强眼花缭乱。

当然，强强最喜欢的还是玩具区。妈妈给他买了一件玩具，强强心满意足，跟着妈妈去了服装区。

看着妈妈试了一件衣服又一件衣服，强强感觉真无聊。忽然他想起来，这家商场是有儿童娱乐区的，他到那里去等妈妈好了。他转头和妈妈说了一声，妈妈叮嘱他不要乱跑，便继续挑选衣服。

强强本来去过好几次娱乐区，这次却找不到正确的路，走到了一个楼道出口。他感觉不对劲，转身往回走时，却被人从背后给搂住了脖子，挟持住了。强强吓得要喊，那人却堵住了他的嘴，告诉他不许叫。

四 公共场所常见意外防范及处置

111

强强被挟持到收银台。收银员被迫给他装上了钱。那人继续劫持着强强走到了商场门口。

此时，门口已经围满了警察。歹徒将刀子比在强强的脖子上，让警察后退，放他离开。强强早已吓得哭都不敢了。

正在僵持之际，一名警察叔叔悄悄地从楼顶顺着绳索滑下来，一脚将歹徒踢开。门口的其他警察叔叔配合得特别及时，将强强抢了过来。

歹徒被制住了，强强也吓得惊魂未定，表示再也不敢一个人在商场里乱跑了。

安全叮咛

1.进入商场或集贸市场，要注意安全问题。

商场、集贸市场都是人群密集场所，可能发生火灾、爆炸、摔伤、碰伤，遇到歹徒劫持以及被关在电梯里等事故。到商场、集贸市场时，必须把安全问题放在首位。要留心观察好安全出口和通道的位置，以便一旦遇到火灾、地震、爆炸等危险时，能够找到出口，迅速脱离危险。

2.在商场或集贸市场购物时，不要跑跳、打闹。

商场和集贸市场的货架、落地玻璃、展台特别多，这些东西有尖锐的棱角，或者属于易碎品，一旦有人打闹、跑跳，不小心摔倒，撞到这些东西上，很容易遭到意外伤害。

3.在逛商场或农贸市场时，不要和大人走散。

商场是人流集中的地方，混杂着各式各样的人，如果遇到打架、

醉酒滋事等不良行为的人，要立即躲避。如果和大人走散，就到最近的服务台求助。

4.若已经被歹徒劫持，不要强行反抗，而应该等待救援。

万一遇到持刀歹徒行凶，要立即逃跑躲避，同时呼救寻求帮助。如果已经被歹徒劫持，不要试图挣脱，应该尽量趴到地上，等待救援。

应急小贴士

在商场或集贸市场遇到危险，要以保护自身安全为首要前提，不要因为财物耽搁逃生时间。一旦出现摔伤、碰伤等情况要就近去医院治疗。如果遇到歹徒行凶，立即逃跑，同时呼救；遭到绑架劫持要冷静，不要激怒歹徒，寻机会向人寻求帮助或逃跑。

9 在开架超市怎样避免意外伤害

自救好办法，
扫一扫学到手！

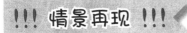

!!! 情景再现 !!!

又到了一个星期六，难得妈妈休息，小表弟也到自己家里来玩，小庄便建议妈妈带他们小兄弟俩去超市逛逛。因为家里离大超市比较远，妈妈工作又比较忙，他已经很久都没去过超市了，特别想去"买买买"。

望着兄弟两人期待的小眼神儿，小庄的妈妈同意了。两兄弟可开心了。

到了超市，两人各推一辆购物车，疯狂"扫货"，没多一会儿，购物车都装得满满的，两兄弟的心思便放在了如何玩乐上。

他们先是进行推车比赛，看谁跑得快。超市里只听一片购物车轮子飞速滑过的声音，引得其他顾客都朝他们张望。

小庄妈妈好不容易喊住了这两个淘小子，让他们安静一会儿，她挑好了菜就可以回家了。

可小庄妈妈才一转身，这两人就又推着车跑起来，还边跑边闹，你打我一下，我就撞你的车一下。嘻嘻哈哈，好不热闹。

不巧的是，小庄在避让小表弟的"袭击"时，退到货架旁，站立不稳，直接坐在地上了。货架上高处放着的一只盆子直接掉落，砸在了小庄的头上，疼得小庄大叫了一声。小庄妈妈赶紧跑过来，仔细检查后发现，小庄好在只是被砸痛了，没有造成更大的伤害。幸亏那只盆子不重，否则后果就严重了。

安全叮咛

1.小朋友去超市购物必须有家长陪同，注意安全。

小朋友去超市，应该由家长陪同。乘坐大型超市的电动扶梯时，要遵守规则；超市里购物车多、送货车多，要在过道中间行走，还要注意躲避车与人，避免

发生碰撞等伤害；超市的货物摆得很高，注意不要撞上去，以免货架倒塌砸伤人或者货物掉下来砸到人。

2.留心安全出口、通道及灭火器的存放位置。

进入超市后，要看清哪里有安全出口及路线，记住小型灭火器的存放位置。尽量去熟悉的大型超市，避免出现危险时逃生不便。

3.在超市里不要打闹、跑跳。

大型超市都有落地玻璃门和镜子，小朋友打闹时往往很容易忽略透明玻璃门，如果碰碎了玻璃，容易受到伤害。超市货架多，这些货架有尖锐的棱角，货架的展台多为透明玻璃，并且超市地面多为大理石或复合地板，若洒上水非常湿滑，一旦摔倒后果很严重。

4.遇到地震，要找安全地方躲避。

在超市里遇到地震，无法逃到室外时，要注意躲避。可以躲到柜台和柱子旁，不要躲到电梯、大货架和玻璃橱窗边。

5.遇到停电被困情况，要保存体力，等待救援。

可以在超市里找到手电，用于照明；找到面包和水，防止饥饿，等待救援。

应急小贴士

小朋友逛超市，要有大人陪同，不要离开大人视线，若与家长走散，就去最近的服务台求助、等候。此外，还应尽量在超市的过道中间行走，注意周围的人群走向，避免挤伤自己。不要随便触碰堆得高的货物，以免货物倒塌砸伤自己。

四 公共场所常见意外防范及处置

10 在酒店遇到危险怎么办

!!! 情景再现 !!!

珍珍每年都要和爸爸妈妈一起出去旅游，逛美景、吃美食、住酒店，每次都不例外。

这次旅游，他们同样入住了一家酒店。当晚，珍珍在看过电视后，说她饿了。妈妈告诉她有面包，还有方便面，让她"对付"一下。她却很想吃楼下的汉堡包，还说她自己去买就行，打包回来吃，用不了多长时间。

想到珍珍已经13岁了，酒店又处于闹市区，坐电梯去也很快，珍珍的爸妈便同意了。

珍珍出去了半个小时也没有回来，珍珍妈着急了，怕孩子找不到路，珍珍爸劝她不要乱担心。

又过了一会儿，珍珍妈见女儿还没有回来，更急了。这时，她听到门外传来一阵嘈杂声。

珍珍妈好奇地推门出去看，这一看，差点没把她吓傻了：有两个男人喝得醉醺醺的，拉着一个女孩就要进一间打开门的房间。那个女孩正是珍珍。

珍珍妈一边跑去帮女儿，一边大喊大叫，让珍珍爸帮忙。这一喊，喊来了珍珍爸，还有酒店人员，这才把两个醉鬼推到一边去，将珍珍解救出来。

珍珍哭着说，她上楼时，这两个人也走过来了，要邀请她去吃好吃的，她没答应。那两人又邀请她去房间里。她怕爸爸妈妈担心，没有同意，谁知这两个人就对她又拉又扯，她才挣扎着喊叫起来，幸亏爸爸妈妈来帮忙，解救了她。

安全叮咛

1.入住酒店或宾馆，要有安全意识。

到酒店入住，环境肯定是陌生的。入住后，必须要熟悉酒店，记住安全出口、消防器材的位置，以及自己的房间通向安全出口的路线。必要时，可以自己走几遍，熟悉周围环境及疏散路线，方便在突发情况下安全脱身。

2.入住酒店后做好安全防备工作。

出入房间要锁好房门，睡觉前检查门窗是否关好，保险锁是否锁上。物品最好放在身边，不要放在靠窗的地方。

3.入住酒店后，对陌生人要有防范意识。

酒店是人员混杂的地方，注意防范陌生人。不要炫耀自己的财物，避免引起他人觊觎。不能将自己居住的酒店名称、房间号随便告诉陌生人，更不要让陌生人随便进入自己房间。也不能随便进别人的房间，陌生人邀请，更不能答应。

4.出入酒店要带好房卡，方便寻找。

入住酒店后，要随身携带酒店房卡，这样若外出迷路，方便询问方向和搭乘出租车。为避免意外伤害，晚上进出酒店，要走正门，不从偏僻的地方经过。

5.在酒店遇到危险，要及时躲避。

在酒店里碰到醉酒滋事、打架斗殴的人，要及时躲避。若无法摆脱，则要大声呼救，向酒店工作人员、保安求助或报警。遇到持刀的歹徒就逃跑呼救。

6.遇到意外事故，要及时逃生。

遇到失火、地震等意外时，不要慌张，要迅速从安全通道撤离或积极展开自救。

应急小贴士

在酒店遇到紧急情况，千万不要慌乱，要镇定应对，如果发生失火、地震等灾害，要迅速从安全通道逃生，不要因回去取财物而影响逃生速度。如果遇到陌生人滋事、打架，要立即躲避，以保护自身安全为前提，及时和前台取得联系，以便得到帮助。

!!! 情景再现 !!!

暑热难耐。吃晚饭之前，小杰就对妈妈说："晚饭后，我们去广场玩喷泉吧？"

"好啊。"妈妈说。

"带上小狗行吗？"

妈妈同意了。晚饭后，室外温度依然很高，小杰带着小狗，和妈妈一起到广场去。自从音乐喷泉建成后，他们已多次到广场上去玩耍了。开始小杰胆子小，只敢用手去碰一下冲出来的水柱，慢慢地才敢穿着雨衣冲到喷泉区，后来雨衣也不穿了，经常直接冲进去。小杰妈妈和小杰一样，没有去在意过喷泉边上提醒注意安全的字样。

只见喷泉随着音乐起舞，时高时低，时上时下，水滴四溅，顿时带来几许凉意。

小杰撒着欢儿地跑进喷泉里去，和那些早已冲进喷泉里的大人、孩子一起嬉戏。一会儿摸摸水柱，一会儿踩踩出水口。被水溅到时，就会发出阵阵的惊呼与欢笑。

小狗也跟着小杰跑到喷泉里，到处乱窜。突然，小狗被一道水柱击中，弹起一米多高。小杰见心爱的小狗"飞"起来了，连忙用手去接。小狗是接到了，他自己也被"电流"击倒在地。

经抢救，小杰除了摔出外伤，并无大碍，小狗却不幸失去了生命，给小杰留下了伤痛与遗憾，这件事给了他深刻的教训，今后不能随便到喷泉里去玩了。

安全叮咛

1. 小朋友在公园或居民小区的喷泉附近玩耍时，不能忽略安全问题。

喷泉由于受使用年限、施工方法、使用水质、保养措施等限制，存在很多安全隐患。比如漏电问题，喷泉电线泡在水中时间过长，一旦漏电就会出现伤人；还有水质问题，喷泉使用的水质不够洁净，里面细菌众多，容易使抵抗力差的孩子受到感染；此外还有水柱冲击力问题，水柱上冲的力道大到能伤人。

2. 不能随意触碰喷泉水柱，也不要在喷泉水池里玩水。

在无法确保安全的喷泉处玩耍，很可能遇到漏电等危险，还可能遭受水柱击伤和水质不卫生的威胁，尤其是一些高压喷泉处更不适合孩子玩耍。

3. 观看喷泉时，要远离喷泉出水口。

喷泉射出的水柱是由高压输送的，威力巨大，堪比水炮。大型喷泉的水柱能托起成年人。小朋友千万不要用手、脸、脚等身体部位去盖住出水口玩，避免受伤。

4.在喷泉附近不要快跑、打闹，防止滑倒摔伤。

在观赏喷泉时要注意脚下，因为喷泉水池浅，喷泉附近地面湿滑，容易摔倒。遇到水池较深的喷泉，还可能滑入其中导致溺水。

5.在喷泉玩耍后必须洗澡。

喷泉用水为景观水，达不到生活用水标准。小朋友在里面玩耍时，不能用手揉眼睛，也不能喝喷泉水，以免因细菌感染上结膜炎或肠道疾病。接触喷泉水后，要用干净的水清洗眼睛和手。如果接触时间很长，或被喷泉水淋湿了，在玩耍后要洗澡。

应急小贴士

预防为主，不要到不够安全的喷泉处玩耍。即便到安全喷泉处玩耍也不能喝喷泉水，不要揉眼睛，玩耍后还要洗澡。若在喷泉附近感到不舒服，要立即呼救。

五

户外常见
意外防范及处置

儿童安全自救全书·日常生活安全

遇上洪灾怎么办

　　小可视爸爸为偶像，当然不是因为爸爸的颜值，而是因为爸爸是资深钓友，每次垂钓都收获满满，还拿过市里钓鱼比赛的二等奖呢。小可7岁生日这天，正值七月又恰逢暑假，爸爸终于答应小可的请求，要带小可去郊外河边钓鱼了！

　　小可和爸爸一路兴高采烈来到河边后，眼前的这一幕却让他有点紧张了。连续多日的雨水致使水位上涨了许多，原先的垂钓纳凉棚离河水近了不少，还临时支起了警示牌，写着"雨季危险，禁止垂钓，禁止嬉水，禁止游泳"！不过看到有几位钓友在，而且爸爸还在身边，小可便壮起胆儿帮爸爸支起了钓竿，开始准备学习作饵。抛竿后静静等待的这段时间，小可像模像样地仔细观察浮子的动静。突然有人大喊："快跑！坝塌了！"小可惊吓得站起就往纳凉棚跑，那是附近最高的地方。"小可，往山坡上跑！"爸爸大声呼喊道，紧接着追上小可，抱起他一口气跑到山坡较高的地方。爸爸放下小可，父子俩这才转过身气喘吁吁望着河岸，只见上游的洪水猛兽般奔腾而下，瞬间纳凉棚被吞没得只剩一棚顶，又过了十几分钟，纳凉棚再也承不住洪水的浸泡及冲击，轰然垮塌。万幸的是，洪峰过后水位线还在小可所在山坡的脚下。可是，如果刚才小可爬上纳凉棚顶躲避，那现在有多危险啊！

安全叮咛

1.关注天气预报，做好防护准备。

持续的雨水或暴雨天气容易引发洪灾。在我国南方，雨季多有暴雨肆虐，洪灾险情出现较多。江河沿线

居民应及时关注天气预报，进行必要的物资储备，如饮用水、保质期较长的食品、蜡烛等，做好防护准备。

2.险情出现时，简单自救方法应学会。

面对突发灾难天气，小朋友们学会简单的自救方法是关键：

（1）快速选择暂避地点，如较为坚固的建筑物屋顶、大树或小山丘，如有条件可用绳子、被单等物品将身体与暂避地点的固定物相连，以免洪水来临时被卷走。

（2）在洪水中转移地点行走时，须用棍子探查路面，防止误入被冲走井盖的下水道或陷入坑洞之类的洼地。如洪水及腰，千万不要勉强蹚水。

（3）被洪水围困时，应及时发出求救信号，报告方位险情。如果没有手机通讯，也可选择手电筒、哨子、颜色鲜艳的物品等求救，国际通用求救信号为SOS。

（4）不慎入水后，随机应变抓住漂浮物或固定物，如岸边石块、树干或藤蔓，防止溺水。

（5）惊慌失措不知如何是好时，一定要紧跟成人或大多数人，小朋友千万不要单独行动。

3.突发状况千万不要这样做：

（1）千万不要慌乱之余跑向河流下游，而应往河岸两边高地躲避。洼地、下水道、下水井等地方也是危险的，要避开。

（2）千万不要选择不太坚固的建筑物躲避，如泥坯墙、年久失修的老建筑物等，危房危墙高墙等，这些都容易被水浸泡倒塌。

（3）尽量不要在洪水中游泳，洪水的水速快、水温低，容易被卷入暗流或漩涡，造成更大的危险。

（4）如落水，千万不要抓高压线或进入电线杆及高压线塔周围，防止触电。

（5）千万不要进入化工厂、危险品储藏仓库等高危地带，洪灾容易导致危险品泄露，超级危险。

应急小贴士

户外不幸落入洪水中时，应拼命抓住自己的背包，背包关键时刻就是"救生圈"，能漂浮在湍急的洪水中，为自己争取时间实施更多自救方法或等待后续救援。

五 户外常见意外防范及处置

12 遇上泥石流怎么办

!!! 情景再现 !!!

今天是个神圣且值得庆祝的日子，石头村希望小学新校舍建成了！天天好开心，终于可以在宽敞明亮安全的教室里读书了！说到安全，天天想起了村里之前的旧校舍，那里可有过一段惊心动魄的故事……

石头村地处山区，靠山吃饭的村民多以采石为生，唯一的小学就位于山谷的小溪边。故事发生那天正临近暑假，前三四天还持续大雨。那天课间活动时，远处山谷突然传来一声闷雷响，校长和老师随即冲出教室对同学们大喊："大家快跑到山坡高点的地方去，有危险！"同学们立刻跑了起来。天天吓坏了，只记住了高处，便迅速跑到操场最高的大树边准备爬上去。这时校长看见天天急声大喊："不能爬树，天天！跟我跑！"天天手足无措，只能一口气跟着校长跑到了半山腰。 这时，只见山谷深处涌来滚滚泥浆，刹那间将校舍夷为了平地，推倒了所有大树、电线杆，继续沿着小溪向下游咆哮而去。同学们都惊呆了，他们所有的教室、桌椅、书，都被埋了，原来这传说中的泥石流如此可怕，所到之处都成废墟了……

今天，天天的新校舍，是聘请了地质专家经反复勘察谨慎选址的新位置，地基稳固，大家再也不担心泥石流的爆发了。

安全叮咛

1. 根据异常现象提高预警，万不可抱有侥幸心理。

（1）持续大雨的山区较易发生泥石流。我国每年七八月易发生暴雨天气，岩石较为松散破碎的地区经大雨持续冲刷，极有可能爆发泥石流。

（2）正常流水突然断流现象出现，极有可能是上游爆发了泥石流，混合着树木、柴草、泥土、石块的泥浆形成，阻碍了正常流水。

（3）山谷内传来闷雷声或者其他轰鸣的声音，极有可能是深山内爆发泥石流，万不可大意抱有侥幸心理，应迅速转移至安全地带。

2. 向两侧山坡跑动是最佳转移路线。

预判爆发泥石流后，应快速离开河道或谷底，向两侧山坡较为坚固的高地跑动；如果在房屋内，应迅速跑出房屋到开阔高地，防止房屋被泥石流埋压。

3. 山区露营应选择平整高地。

在山区户外露营时，应选择平整高地，土质松软的不稳定斜坡容易山体滑坡造成泥石流，在有滚石或大量堆积物的山坡下露营也是极其危险的。

4. 突发状况千万不要这样做：

（1）千万不要爬上树木进行躲避。泥石流威力巨大，所到之处皆是掩埋及倒塌，树木也极有可能会被卷入泥石流中。

（2）千万不要在持续阴雨天进入山谷，更不能下雨时在陡坡危岩突出的地方避雨、休息和行走。

5. 跟随成人或大多数人，不可单独行动。

小朋友们遇到突发状况，往往会惊慌失措不知如何是好，这是正常反应，所以一定要跟随成人或大多数人行动，千万不要单独行动，以免落单。

应急小贴士

如果确定自己无法安全转移至安全地带，可以就近抱住身边的固定物体，护住头部，为后续救援赢得宝贵时间。

五 户外常见意外防范及处置

③ 遇上地震怎么办

!!! 情景再现 !!!

自救好办法，
扫一扫学到手！

7岁这年的暑假，妈妈带冉冉来到日本东京迪士尼公园，看到了她最爱的灰姑娘和美人鱼，即使现在她和妈妈瘫在酒店大床上累得不想动，仍感到无比幸福。睡意朦胧间，冉冉感到身体不由自主地上下晃动了下，紧接着左右摇晃了几下。一刹那，妈妈拉起冉冉大声说："地震了！快下楼！"冉冉还没完全清醒就已经被妈妈拉出了房间。走廊里人声嘈杂，妈妈紧紧拉着冉冉的手，跟着人群沿着楼梯快速撤到酒店的停车场。

这时冉冉已经完全清醒，她气喘吁吁地对妈妈说："地震过去了吗，妈妈？我们刚才应该坐电梯下来，7楼啊……你今天给我买的美人鱼公主落在房间里了，还有我们的行李，我们现在去拿吧？坐电梯很快的！"妈妈正在犹豫，远远地只见酒店工作人员封住了酒店入口。冉冉还牵挂着她的美人鱼，她催促的话还没说出口，只听身边有人大喊："我的朋友困在电梯里了！"酒店工作人员立即报警，大家随即展开了救援行动。冉冉与妈妈庆幸刚才还好没乘坐电梯，否则现在也被困在里面了。这次国外旅行真是难忘啊！

安全叮咛

1.地震瞬间应立马抱头，就近寻求避难场所。

小朋友，如身体突然不由自主地先上下晃动再左右摇晃，极有可能是遇到地震了。察觉地震后的第一应对方案很简单，立即双手抱头，找到离我们最近的较为安全的避难场所，比如桌子底下、房间墙角等，减少重物砸落受伤的风险，也为后续救援留足空间。

2.地震后的四个不要。

余震也是要小心的，毕竟主震后建筑物已经有不同程度的损坏，极有可能经受不住二次创伤，所以地震后我们

需要快速撤离建筑物到空旷的平地上，等情况稳定后再进入。

撤离时，小朋友们要注意：

（1）千万不要乘坐电梯。如果电梯间受挤压出故障或遭遇停电困住了我们，密闭空间的氧气逐渐减少，我们的呼吸会变得困难，后续救援人员面对坚硬的合金电梯门进行营救也会有极大的阻碍。

（2）千万不要在下楼时推挤，避免踩踏事件发生。楼梯是建筑物的安全出口，下楼时千万不要推挤，排队有序下楼才是最快的下楼方式。如果推挤时有人摔倒，楼上的人不知情况继续争先恐后抢行，那可怕的踩踏事件就不可避免了，大家就更无法快速撤离。

（3）千万不要大声喊叫引起恐慌。地震是不可抗力的自然灾害，所以发生时我们千万不要惊慌地大声喊叫，这样不仅安抚不了自己的情绪，还会引起他人的恐慌。

（4）千万不要选择极端逃生方式。地震发生时要保持冷静，千万不要选择跳楼这种极端方式进行逃生，我们不是蜘蛛侠，更不是超人。

3.不要贪恋玩具、贵重物品，生命是无价的。

躲避逃生刻不容缓，如果去取心爱的玩具，不仅浪费了宝贵的逃生时间，在逃生的路上极有可能出现剐蹭、碰撞等不必要的状况。再心爱的玩具和贵重物品都是身外之

五　户外常见意外防范及处置

物，还可以再买，但生命仅有一次。

4.应认清安全出口，并维护畅通。

所有建筑物都有安全通道，认清安全出口指示牌非常重要，尤其是在旅行途中尤为必要。住宅社区的安全出口（楼梯）经常会有占道现象，这也是非常危险的，维护生命通道的畅通，人人有责。

应急小贴士

地震通常是先纵波再横波，也就是我们感受到的先上下再左右的摇晃，无论震级高低，我们感受到后都应立即双手抱头就近躲避，等晃动结束后迅速撤离建筑物。撤离过程中应保持冷静，跟随家长或老师，做到不惊慌、不落单。

4 遇上雷雨怎么办

!!! 情景再现 !!!

小美超级喜欢奶奶送给自己的冰雪奇缘小蓝伞，所以整个夏天，只要是出门，她都会随身携带。今天周末，爸爸带小美去青云湖游玩，虽然天气闷热无比，但幸好湖边还有习习凉风，树下纳凉倒也有些惬意。

晌午过后，天却越来越黑，不一会儿雨点急急落下，空中传来隆隆的闷雷声。爸爸正向游客中心跑去，回头竟发现小美开心地撑起了小蓝伞，准备在雨中漫步。爸爸赶紧大喊小美去游客中心躲雨，小美只好不情不愿地走到游客中心楼内。"爸爸，我想打伞去踩踩水，可以吗？"

爸爸摇了摇头："小美，打雷下雨不要在室外打伞，还有踩水，都是很危险的。"

"没那么危险了，爸爸……"可爸爸还是紧紧拉住小美的手，不给她任何机会。

还不到两分钟，天空中一道闪电亮起，然后就听见轰隆隆一声巨响。小美赶紧把头缩进爸爸怀里："爸爸，给妈妈打个电话，告诉她打雷了不要打伞出门。"

"雷雨天气在室外，不能接听和拨打手机哦，万一遭到雷击，我们俩可就惨了。"爸爸蹲下解释道。

原来，雷雨天这么吓人，不能打伞、不能踩水、不能接听拨打电话……还有哪些危险行为要注意呢？小美回家一定要好好请教爸爸，牢记在心。

安全叮咛

1.户外躲避低姿势，建筑物内最安全。

雷击是会带来生命危险的，所以雷雨天气时，小朋友们要尽量躲避。建筑物内最为安全，但不要靠近窗户位置；如在山区，可躲在山脊下面的平地；如在空旷地带，可选择低洼处双脚并拢，就地蹲下。

2. 户外着装有要求，绝缘安全是首位。

雷雨天气如需行动，穿胶鞋，披雨衣，不穿湿衣服，身上所有金属类都要拿下，比如发卡、钥匙扣之类物品，绝缘最安全。

3. 雨天湿滑能见度低，行进应放缓。

在雨湿路滑能见度低的天气，我们的行进应放缓，阴雨天气出门尽量穿防滑鞋，尽量不要快速在雨中跑动。

4. 及时关注天气预报。

在我国，雷雨天气常见于夏秋季节，要及时关注天气预报，尽量避免雷雨天气户外活动。

5. 雷雨天气时千万不要这样做：

（1）千万不要去高处、积水处、大树正下方等危险地带。

（2）千万不要打伞。

（3）千万不要一群人挤在一起，以防雷击后电源相互传导。

（4）千万不要靠近电力设施，如高压线、低压室、变压器等。

（5）千万不要贴近雷雨天气的大石头。

（6）千万不要在户外接听或拨打电话，室内手机可正常使用，但不能靠近窗户位置使用，尤其是闪电时绝不能接听电话。

（7）尽量不要在车内躲避雷雨天气，如只能在车内，千万不要将头手伸出窗外。

应急小贴士

雷雨天气应尽量室内躲避，如近处没有建筑物，而雷电又非常频繁时，我们应该双脚并拢就地蹲下，偶有雷电时应小步幅行进，千万不可大跨步跑动，谨防雷击。

⑤ 遇上沙尘暴怎么办

!!! 情景再现 !!!

　　小北的爸爸是一名森林防火巡查员，越是节假日越会加班。小北经常向爸爸抱怨，陪伴他的时间太少。所以这周末，爸爸决定带小北参加一次单位组织的社会公益讲座，主题是"爱护树木就是爱我们的家"，想让他多了解了解自己的工作。

　　小北跟着爸爸早早地来到单位，离讲座开始还有些时间，于是他便跟随爸爸去晨间森林巡检。刚走了一小会儿，风越刮越猛，天空暗下来，空气竟然有些昏黄，风中时不时夹杂着小沙粒。爸爸见状，大声喊道"沙尘暴！快回我办公室去，小北。"

　　"爸爸，我们先到那里避一下吧？"小北手指着右边一片小树林说道。

　　"树林里很危险！快回我办公室去。"爸爸拉着小北飞奔回办公室。小北到爸爸办公室后正好赶上讲座的

热场环节，主持人正引导大家看向窗外，黑压压的世界真可怕，原来沙尘暴威力无比，卷起树木、广告牌能砸伤人，而只有爱护树木多添植被，减缓并控制沙化现象，才是根本解决沙尘暴的方法。小北终于明白爸爸执意回办公室的原因了，更对这场讲座充满了期待。爸爸的工作是多么伟大啊，就像是超人一样保护地球。今年植树节小北一定和爸爸好好种树……

安全叮咛

1.大风天气的北方容易出现沙尘暴，应尽量进室内躲避。

在我国北方，春季较为常见沙尘暴天气。发生沙尘暴时，空气质量很差，能见度低，伴有大风。因此，遇见沙尘暴应该尽量去室内躲避，减少外出。

2.在背风处躲避，减轻危害。

户外遇到沙尘暴天气，应就近蹲在背风沙的矮墙处，或者趴在相对高坡的背风处，用手抓住些较为牢固的物体，防止被大风卷走。如在沙化比较严重的地区，尽量不要躲在低洼处，那样有被掩埋的危险。

3.户外行走须遮挡，防止感染少生病。

沙尘暴天气时，空气中细微粉尘过多过密。如果在户外行走，应戴口罩和防风镜，或者用衣服、围巾等物品蒙住头部，避免呼吸道和眼睛受到伤害。

4.遇上沙尘暴千万不要这样做：

（1）千万不要在广告牌、树木、居民楼下躲避。大风天气容易卷起广告牌、树木和居民楼窗台的物品，砸伤人或物品，酿成悲剧。

（2）千万不要在河流、湖泊、水池附近躲避。大风天气容易将人吹落水中，如水深则会有溺水的生命危险。

（3）千万不要吃街头露天食品。粉尘容易附着在街头露天食品上，不卫生。

应急小贴士

沙尘暴来势汹汹，天黑风狂，小朋友们遇见时，应当赶紧去附近的建筑物内躲避。如果在空旷的户外，将外套脱下蒙住头是紧急避险的好办法哦。

16 出现高山反应现象怎么办

!!! 情景再现 !!!

8岁的小志活泼好动,自从在爸爸那里听到"读万卷书不如行万里路"的感慨后,开始爱上了旅游。趁热打铁,今年国庆长假,爸爸便带着小志准备攀登峨眉山,目标就是大峨山的万佛顶,海拔有3099米呢!

秋季登山最为惬意,登的还是"秀天下"的峨眉山,沿途风光无限好:时而起伏时而陡峭的山壁,郁郁葱葱的各种植被,还有那讨食的无比机灵有趣的猴群……不知不觉,爸爸与小志快登顶了。可爸爸发现小志越发气喘,于是两人便靠路边休息起来。

"爸爸……我有点头晕,想吐……但我觉得我能坚持,快到顶了……我们继续爬吧……"

五 户外常见意外防范及处置

爸爸安抚小志说："小志，我们休息好才能继续爬呀，要不然到山顶没力气了怎么看风景呢？而且，你有可能是有些高山反应，喝点水，休息一下，应该会好的。"

一刻钟后，小志渐渐地呼吸均匀，终于和爸爸登上了万佛顶，俯瞰山下心旷神怡，美景一览无余。如果刚才小志执意登顶，现在也许只能大口喘粗气，感受头晕眼花了……

安全叮咛

1.登山准备要充分，行程安排要合理。

人处于高海拔地区，地势高气压低，空气中氧气含量逐渐减少，会比较容易出现高山反应。所以登山前必须了解山脉海拔高度、气候环境等信息，还要提前加强体育锻炼，提高身体素质。

合理安排登山及旅游行程，保证充足的休息及睡眠时间，避免身体处于疲劳状态，多吃蔬菜和水果，提高免疫力和身体适应能力，调整好状态。

2.出现反应要及时处理。

不同人的高山反应不一，小朋友们尚处于成长发育阶段，身体对环境适应能力略低，登海拔不到3000米的高山也有可能出现高山反应。基本症状为头晕、耳鸣、作呕、轻微发烧或呼吸急速，严重的直接昏昏欲睡、出现幻觉。

出现反应须立即原地休息，最好选择无风的位置，喝水加衣，防止脱水导致体温迅速降低；如果症状不见缓解，应快速下山，撤到低海拔地区，稍作休息即可恢复，不治而愈。

3.出现反应后，千万不要继续登高或跑来跑去。

高山反应的起因是处于高海拔地区发生的缺氧现象，如果出现高山反应继续登高或跑来跑去，会加重反应状况，甚至出现生命危险。

4.出现重度反应，首选吸氧和下撤，切莫耽误时间，避免并发症。

重度反应面临生命危险，紧急情况下首选吸氧，快速下撤到低海拔地区，即使是夜间发生高山反应，也不要等待天亮后才行动，那样会延误治愈恢复时间。如果不能及时处理，脑积水和肺积水等并发症将有可能出现。

5.集体登山时有人出现反应，应及时告知带队老师或家长。

小朋友们集体登山时，如果有出现高山反应的队友，休息片刻有可能适应恢复，但绝不能让队友单独行动落单，应及时告知带队老师或家长，由成人做出合理安排。高山反应严重者会出现幻觉，落单的后果难以想象。

应急小贴士

出现高山反应千万不要惊慌，情绪激动更容易缺氧，应稍微休息后再行动，如无缓解，下撤最安全，没有特殊情况严禁吃药缓解。

五 户外常见意外防范及处置

7 出现高温中暑现象怎么办

!!! 情景再现 !!!

今年暑假，爸爸妈妈带丁丁回了趟老家，老家正好依山傍水原生态，关键还能下河捉鱼捉虾，超级有趣。这天，丁丁早饭后拿起"老三样"——盆子、网子、桶，照常来到河边继续操练起来。河水只没过丁丁的小腿肚儿，清而缓，简直就是绝佳的捉鱼捉虾场地。

不知不觉已到晌午，三伏天烈日当头，也挡不住丁丁的热情。妈妈不停唤丁丁快到岸边休息补充一下能量，他才终于抬起头挺直了腰准备上岸。可就这一瞬，丁丁感到头晕眼花，赶紧闭眼缓了下再睁开："妈妈，快来扶一下我，我头晕！"妈妈赶紧下水将丁丁扶上岸抱到树荫下休息，说道："你可能是中暑了，宝贝。""应该不要紧，妈妈，给我来瓶冰饮料，多多的，我多喝点就好了。这会儿有点热。"丁丁安慰妈妈道。

妈妈摇头说："中暑不能喝冰凉的水，更不能多喝，那会让你更严重的。"妈妈紧接着从背包里拿出一瓶风油精，在丁丁太阳穴处涂抹了一些，随即给他脱掉了汗湿的背心，拿出一条汗巾，打湿后敷在了丁丁的额头。过了一会儿，丁丁终于恢复了。

安全叮咛

1.高温时节，应避免户外长时间游玩及体育活动。

气温高于32℃、湿度大于60%的环境就是高温高湿环境，我国夏季三伏天气经常出现这种情况，长时间户外就游玩或者进行体育活动，大汗淋漓时，体内水分及盐分将大量流失，小朋友们会比较容易中暑。所以高温天气户外活动要适量。

2.出现反应及时处理。

轻微中暑多表现为头昏、头痛、口渴、出汗、疲惫等症状，严重的会出现心慌甚至休克晕倒现象。

出现反应须及时有效处理，缓解中暑情况：先转移至阴凉、干燥、通风的环境中，比如树荫下，必要时可仰卧；然后解开衣领保持衣服处于宽松状态，如果汗水湿透衣服则尽量更换一件干爽的衣服；最后用凉毛巾敷额头和擦拭腋下，物理降温最为有效，可适当喝些淡盐水或小苏打水，少量多次饮用，避免脱水。中暑一般可自愈，如果情况严重，持续昏迷不醒，采取相关措施后应及时拨打120急救电话去医院治疗。

3.出现反应千万不要这样做：

（1）千万不要直接吹风。如用电风扇或空调直接对着吹，会引发感冒、肌肉痉挛等。

（2）千万不要大量喝水，尤其是冰水，这样不仅不能有效降温，反而可能会引发肠胃痉挛状况。

4.高温时节饮食清淡，多喝水。

高温时节出汗较多，体内水分盐分随汗液排出较多，所以日常应多吃水果和蔬菜，补充维生素，少吃油腻食物，清淡饮食；多喝水以避免身体脱水，不要等口渴时再喝，要少量多次饮用，适当喝点淡盐水或小苏打水。

5.户外活动时准备提神醒脑物品。

高温时节参加户外活动，应常备提神醒脑物品，如藿香正气水、清凉油、风油精等，或者橘皮、蓝莓等食物。

应急小贴士

出现中暑现象应及时撤离高温环境，移至通风阴凉处，稍作休息即可恢复；集体出游的小朋友不要惊慌，听从带队老师或成人的安排，不添乱不害怕。

8 脱离团队、迷失方向怎么办

小凡期待许久的春游终于来了！去的是森林公园。这森林公园是国家4A级景区，踏青感受原生态实在太让人开心了。同学们排队开始入园，保持队形一路欣赏大自然的奇妙。"布谷布谷……"小凡循着隐隐鸟的叫声，发现一只布谷鸟正落在一株小树上。队尾的齐老师刚陪小雪去卫生间了，正好没人注意，小凡悄悄地往布谷鸟方向靠近。静候几分钟后，布谷鸟放松警惕落下枝头正准备觅食，小凡伺机把帽子扔过去想罩住它，结果偏了一点点，布谷鸟受惊，立即飞开了。唉……小凡还在可惜没把握住好机会，突然想起老师同学们呢？看不见了呀，怎么办？

他赶紧沿着前行的道路飞奔想赶上大部队，可面前的岔路口，该走哪边呢？正左右为难时，迎面走来了一位身穿制服的巡山工作人员，小凡立即向他说明

五 户外常见意外防范及处置

情况，工作人员随即呼叫游客中心进行寻人广播。正在急匆匆寻找小凡的齐老师听到广播后，飞奔到小凡所在的位置，小凡终于归队了，今后他再也不敢擅自行动了。

安全叮咛

1. 团队出游必须遵守组织纪律，千万不要贪玩离队。

小朋友们团队出游必须遵守组织纪律，千万不要一时兴起贪玩擅自离队。

2. 暂时离开应报告，严禁单独行动。

团队出游一般都会在队伍前面设有领队，队尾由副领队跟进。如果中途需要暂时离开，必须向领队或副领队报告，哪怕是去卫生间，小朋友们都要安排专人陪同才行。任何情况必须二人以上行动，严禁单独行动，避免落单。

3.脱离团队后，不要慌乱地到处乱走。

不小心脱离团队后，千万不要慌乱地到处乱走。如果只有前行的唯一道路，可快速跟上大部队；但如果处于野外，可以原地等待团队人员原路返回前来寻找，或者选择道路行进，沿途做好标记，防止再次迷路。

4.记住家庭或老师的重要信息，善于求助信得过的人。

不小心脱离团队迷路时，小朋友们可求助于身边信得过的人。户外大型公园中，可求助于身穿工作制服或统一着装的工作人员，比如保安；郊外，可求助于孕妇、带孩子的家长或者慈祥的老人。

同时，要记住父母或老师的重要信息，比如手机号码，告诉帮助你的人，能快速联系到你的团队，从而得到更有效的救助。

5.团队出游时可适当记住部分游玩路线。

小朋友们虽然不会看地图，但走过玩过的地方在家长或老师的讲解下是可以记住一些的。如果不小心脱离团队迷路，可告知帮助你的人你曾经走过的路线，这也是可靠的信息。

应急小贴士

团队出游时，小朋友们应该尽量与小伙伴结伴而行，相互监督，防止擅自离队，即使脱离团队迷路，小伙伴们也能想出更多好办法积极应对，不慌乱不落单。

五 户外常见意外防范及处置

儿童安全自救全书：日常生活安全

9 水边嬉戏
发生意外怎么办

　　多日阴雨，久违的阳光今天终于露脸了。于是爸爸决定带佳琪去城郊的水塘抓蝌蚪、捞小鱼、挑螺蛳，感受爸爸童年的小乐趣。

　　水塘不大，水面漂着些浮藻，水边有些淤泥。佳琪可是个超级讲卫生的乖宝宝，看到这一切顿时打了退堂鼓："爸爸，还是你先挑螺蛳，找到再叫我吧！我站在这里帮你找小鱼。"于是，佳琪在水边找到两块大石头站了上去。

不久，经验丰富的爸爸翻起了一块大石头，惊喜地喊道："佳琪，快来看，有三个大螺蛳！"

"我来了！"佳琪激动地刚抬脚，一刹那脚下一滑，跌进了水塘里。爸爸赶紧跑过去，使劲地把佳琪从水里拎出来，擦掉了她脸上鼻孔里的浮藻。可是，佳琪的外衣鞋子全都湿了，真是太狼狈了。爸爸担心宝贝女儿着凉，赶紧将佳琪的外衣脱下，鞋子脱掉，然后将自己的外套裹住她抱着匆匆回家了。可怜的小佳琪，还没有看到螺蛳、小鱼、蝌蚪，就这样结束此次郊游了……

安全叮咛

1.水边湿滑，尽量不要靠近。

水边淤泥浮藻较多，经过时有些石头，经常年流水冲刷，也会打磨得较为光滑。所以小朋友们尽量不要靠近湿滑的水边，防止意外发生。

2.禁止游泳、嬉水。

水温相较于气温来说略低一些，冬季严禁下水，日常设有警示牌的水边，我们应当遵守"禁止游泳、嬉水"的行为准则。如果在水温较低时强行下水，极有可能引发抽筋，在水下情况不熟悉的区域，有可能会将人卷入漩涡，造成生命危险。

3.水边行进注意自然灾害。

夏秋季节雨水大，台风经常出现，河边、江边行进要提防洪水、泥石流、溃堤等自然灾害发生，海边行进提防海啸、台风等自然灾害发生。千万不要一时兴起近距离观察，很可能会有生命危险。

4.水边玩耍须有成人陪同。

小朋友们总是一玩起来就忘乎所以，无法准确判断危险系数，所以在水边这样意外频发的地段，必须由成人陪同，不可单独行动。

5.发生落水及时营救。

公共场所的水域一般都配备有救生圈等救援设施，小朋友们不仅要爱护公共设施，更要学会正确使用救生圈，一旦落水应及时抓住救生圈，趴或者躺着最节省体力，等待岸上施救人员拉上岸。

落水后，千万不要拼命挣扎，越想使身体蹿出水面，由于重力作用身体反而会下沉得更深，这样会浪费体力，甚至会导致溺水。

五 户外常见意外防范及处置

儿童安全自救全书·日常生活安全

6.水边不做危险动作。

在水边不要做危险动作，比如爬上桥的护栏俯身向下望、或将河边护栏铁链当作秋千玩耍、在水边石头上跳来跳去等。

7.穿长袖长裤，注意防范蚊虫叮咬。

水边是蚊虫滋生繁殖的常见地带，在水边玩耍时应尽可能穿长袖上衣及长裤，防范蚊虫叮咬。尤其是南方池塘或小河中，还可能会有嗜吸人畜血液的水蛭（俗称"蚂蟥"），小朋友们更要加强防范。

应急小贴士

不慎落水后，不会游泳的小朋友们切记不要拼命挣扎，可以深吸一口气，屏住呼吸，尽量仰卧静止不动。实在憋不住了就迅速换气继续之前的动作，等待救援。